W0040450

Gesprächstechniken

Anja von Kanitz
Christine Scharlau

2. Auflage

Inhalt

Teil 1: Praxiswissen Gesprächstechniken

Teil 2: Training Gesprächstechniken

Vorwort

Sie sind fachlich gut ausgebildet und wissen in Ihrem Sachgebiet, worauf es ankommt? Sie müssen beruflich viele Gespräche führen - mit Kollegen, Kunden, Mitarbeitern - merken jedoch, dass Ihr Fachwissen allein in vielen Gesprächen nicht weiterhilft? Es ist in der Tat oft so, dass das Kommunikations-Knowhow, das man sich im Laufe seines Lebens – größtenteils unbewusst - angeeignet hat, in der beruflichen Praxis nicht ausreicht.

Zu vielfältig sind die Menschen und Situationen, mit denen man zu tun hat. Ohne solides gesprächstechnisches Rüstzeug ist es da schwierig, Gespräche sachlich und menschlich zufrieden stellend zu gestalten.

Dieser TaschenGuide möchte Sie mit grundlegenden Werkzeugen der Gesprächsführung vertraut machen. Sie erfahren, wie Sie Gespräche zielorientiert vorbereiten und analysieren. Sie lernen Techniken kennen, die Ihnen helfen, Gespräche aktiv und konstruktiv zu gestalten. Sie wissen nach der Lektüre mehr über die Wirkung Ihrer körpersprachlichen Mittel, den Umgang mit ausgewählten schwierigen Situationen und über die Kommunikation von Männern und Frauen. Apropos Frauen. Auch wenn in diesem TaschenGuide der Einfachheit halber oft männliche Formen verwendet wurden, so sind doch ausdrücklich immer Frauen und Männer angesprochen.

Viel Erfolg beim Gestalten Ihrer Gespräche wünscht Ihnen

Anja von Kanitz

Gespräche analysieren und vorbereiten

Zu einem erfolgreichen Gespräch tragen viele Faktoren bei.

In diesem Kapitel erfahren Sie,

- wie Sie Ihre eigene Rolle erkennen (S. 10),
- wie Sie Ihre Beziehung zum Gesprächspartner einschätzen (S. 12),
- welchen Einfluss Ort und Zeit haben (S. 16) und
- wie Ihre Ziele den Gesprächsverlauf beeinflussen (S. 20).

Wovon das Gespräch beeinflusst wird

Mit Gesprächen ist es wie beim Tennis: Sie bestimmen nicht allein, was dabei herauskommt. Wie bei einem Spiel gehen Sie mit jedem Gespräch in einen offenen Prozess, bei dem sich nicht zuverlässig vorhersagen lässt, was passiert. Diese Ungewissheit und die Möglichkeit, durch das eigene Verhalten entscheidenden Einfluss auf das Geschehen zu nehmen, machen den Sport so attraktiv und Gespräche immer wieder neu zu einer Herausforderung.

Das ist Ihr Handlungsspielraum

Der Verlauf eines Gesprächs hängt von vielen Faktoren ab, natürlich auch von Ihrem Gesprächspartner, auf den Sie nur bedingt Einfluss haben. Selbst mit der größten Mühe und der besten Technik können Sie ein bestimmtes Ergebnis nicht erzwingen. Beeinflussen können Sie aber – und das ist wieder wie beim Tennis – Ihr Verhalten, Ihre Vorbereitung auf die Situation, die Vertrautheit mit den Gegebenheiten, Ihre Handlungsmöglichkeiten und das Bewusstsein, wann Sie etwas tun und wann Sie etwas besser lassen.

> Weil die Bedingungen für jedes Gespräch anders sind, nutzen einfache Rezepte für die Gesprächsführung nichts. Sie müssen folglich lernen, Situationen zu analysieren und Gesprächstechniken flexibel einzusetzen.

Die Gesprächswirklichkeit in der beruflichen Praxis ist sehr komplex. Es geht darum, unter den vielen Handlungsmöglichkeiten in jeder Situation die auszuwählen, die für den Verlauf des Gesprächs günstig ist. Gerade bei schwierigen Gesprächen ist es sinnvoll, nicht alleine „aus dem Bauch heraus" zu agieren, sondern Gefühl und Verstand gleichermaßen zu nutzen. Der Sprechwissenschaftler Hellmut Geißner hilft mit seinem Situationsanalyse-Modell, die Einflussfaktoren in einem Gespräch klar zu erkennen und zu gestalten.

Was beeinflusst das Gespräch?

- Natürlich Ihr Gesprächspartner und sein Verhalten. Aber auch Ihre Beziehung zueinander.

- Das Thema, über das Sie sich austauschen. Manche Themen sind so „heiß", dass von vornherein klar ist, dass das Gespräch schwierig werden wird. Gerade dann ist eine gute Vorbereitung angesagt!

- Auch Ort und Zeitpunkt des Gesprächs sind wichtige Faktoren. Manchmal muss ein gutes Restaurant oder der Golfplatz herhalten, um neue Entwicklungen anzustoßen.

- Wesentlich sind auch Ihre eigenen Motive und Ziele wie auch die des anderen, die häufig nicht identisch sind.

Egal, um welche Gesprächssituation es sich handelt, eine gründliche Vorbereitung ist aufgrund der vielfältigen Einflussfaktoren hilfreich. Auf den nächsten Seiten zeigen wir Ihnen, wie Sie dabei vorgehen.

Die eigene Rolle kennen

Damit Sie in einem Gespräch handlungsfähig sind, müssen Sie wissen, welche Rolle Sie jeweils einnehmen. Sie sprechen nie allein als Person, sondern immer als Person in einer bestimmten sozialen Rolle.

Beispiel: Eine Person – verschiedene Rollen

 Dr. Karin Falter, Leiterin einer Abteilung für Forschung & Entwicklung, spricht je nach Situation in verschiedenen Rollen zu ihren Gesprächspartnern. So ist sie gegenüber ihren Mitarbeitern die Vorgesetzte, die motiviert, kritisiert, fordert, delegiert oder berät. Die Rolle der Fachexpertin füllt sie aus, wenn sie sich auf gleicher Ebene mit anderen Experten austauscht. Bei der Geschäftsführung ist sie die Angestellte, die Rechenschaft ablegen und Weisungen entgegennehmen muss. Bei Fachveranstaltungen repräsentiert sie ihr Unternehmen. Privat spricht sie als Mutter zu ihrem Kind, als Partnerin zu ihrem Mann, als Nachbarin, Kundin, Freundin, Patientin etc. In jeder Rolle hat sie andere Möglichkeiten der Gesprächsgestaltung und sie verhält sich auch anders. Sie spricht also nie nur als Karin Falter, sondern immer als Karin Falter in der Rolle als ...

Symmetrische und asymmetrische Gespräche

In jeder Rolle haben Sie einen anderen Handlungsspielraum, um gestaltend auf das Gespräch einzuwirken. Grob unterscheidet man zwischen symmetrischen und asymmetrischen Gesprächen. Bei symmetrischen Gesprächen haben beide Gesprächspartner das gleiche Recht, in das Gespräch einzugreifen, zu fragen und Themen zu bestimmen. Bei asymmetrischen Gesprächen gibt es bereits vorab eine Rollenverteilung, was die Gestaltung des Gesprächs angeht.

Die Hierarchie beeinflusst die Rolle

Bei einem Vorstellungsgespräch ist es beispielsweise üblich, dass die Arbeitgeberseite den Rahmen bestimmt, Fragen und Themen festlegt und die Steuerung des Gesprächs übernimmt. Der Bewerber kann natürlich auch fragen und eingreifen, doch ist sein Spielraum begrenzt. Hält er sich nicht an diese ungeschriebene Regel, ist es eher unwahrscheinlich, dass er den Job bekommt.

Feste Rollenverteilungen gibt es auch bei Interviews, bei Gericht und tendenziell in allen Beziehungen, die durch Hierarchien geprägt sind. Wenn also im Beispiel Frau Falter mit einem ihrer Mitarbeiter redet, wird mit großer Wahrscheinlichkeit *sie* den Rahmen des Gesprächs festlegen und den Verlauf steuern. Im Gespräch mit ihrem Vorgesetzten wird eher dieser den steuernden Part übernehmen.

Erkennen und nutzen Sie Ihre Möglichkeiten

Mit bestimmten Rollen sind bestimmte Erwartungen an das Gesprächsverhalten verbunden. Doch in jeder Rolle lassen sich Gespräche aktiv gestalten und mit entsprechender Technik gezielt beeinflussen. Der Gestaltungsspielraum ist jedoch je nach Position unterschiedlich groß.

- Machen Sie sich - gerade vor schwierigen Gesprächen - Ihre Rolle, Ihre Position und die Erwartungen Ihres Gesprächspartners an diese Rolle bewusst.

- Versuchen Sie, den Freiraum und die Grenzen Ihrer Rolle möglichst realistisch einzuschätzen: Wie viel Einfluss können oder müssen Sie auf das Gespräch nehmen, um seinen Erfolg zu sichern?

Rollenklarheit ermöglicht Ihnen den gezielten Einsatz von Gesprächstechniken. Sie können mit größerer Gelassenheit und Sicherheit auftreten und Ihr Ziel besser im Auge behalten.

Die Beziehung zum Gesprächspartner einschätzen

Wenn Sie eine Person überzeugen möchten, dann müssen Sie sich auf sie einlassen: Was ist das für eine Person? Welchen Horizont und welche Erfahrungen hat sie? Was ist ihr wichtig? Welche Sprache nutzt und versteht sie? Und natürlich auch: Welche Empfindlichkeiten und „Macken" hat sie? Bei Gesprächen mit Fremden haben die ersten Minuten des Small Talk diese Funktion: Man kommt sich bei harmlosen Themen näher, beobachtet, wie der andere reagiert und bekommt ein Gefühl für ihn. Bei bekannten Personen gehört dieser Check bereits in die Gesprächsvorbereitung.

Machen Sie sich Ihre Gefühle klar

Auch Ihre Gefühle der jeweiligen Person gegenüber sind bei der Gesprächsplanung wichtig. Machen Sie sich klar, was Sie empfinden, wenn Sie an das Gespräch denken. Sind Sie schon im Vorfeld genervt? Haben Sie Angst? Haben Sie keine gute Meinung von Ihrem Gesprächspartner? Wenn ja, ist es gut möglich, dass Ihr untergründiges Gefühl Ihr Verhalten im

Gespräch bestimmt. Dadurch entgleitet Ihnen die Fähigkeit, das Gespräch aktiv und bewusst zu gestalten. Gestehen Sie sich Ihre Gefühle also ein. Dann sind Sie ihnen nicht mehr so stark ausgeliefert, sondern können bewusst entscheiden, wie Sie sich verhalten wollen.

> Es gehört zur professionellen Gesprächsführung, eigene Empfindungen und Gefühle wahrzunehmen und ihnen so nicht völlig ausgeliefert zu sein.

Beispiel: Nervige Gesprächspartner

 Michael Bohr, Projektmanager, hat einen Gesprächstermin mit Herrn Pfeil, einem Mitarbeiter der Versuchsabteilung. Wenn er an Herrn Pfeil nur denkt, verdreht er innerlich die Augen. Der Mann geht ihm auf die Nerven, er redet seiner Meinung nach ständig, macht sich wichtig und gibt vor, immer wahnsinnig viel zu tun zu haben. Herr Bohr steht unter Druck, weil ein Produkt geändert wurde und jetzt in kürzester Zeit in der Versuchsabteilung noch einmal getestet werden muss. Er muss in dem bevorstehenden Gespräch Herrn Pfeil dazu bewegen, diese Tests vorzuziehen. Er weiß aber, dass dieser ein riesiges Lamento anstimmen wird, dass das nicht geht.

Geht Herr Bohr mit diesem negativen Gefühl in die Unterredung, wird er wahrscheinlich keine tragfähige Beziehung zu Herrn Pfeil aufbauen können und ihn mit seinem Anliegen nicht erreichen. Herr Pfeil wird spüren, dass Herr Bohr ihn ablehnt und ihm nicht entgegen kommen. Warum auch?

So bauen Sie eine Beziehung zum Gesprächspartner auf

Wichtig ist, dass sich Herr Bohr eingesteht: „Der Mann nervt mich." Gleichzeitig muss er die Lage richtig einschätzen: „Ich bin auf seine Kooperation angewiesen. Wenn er es ablehnt, die Tests zu machen, kann ich den Termin nicht halten. Ich kann ihn nicht ändern, ich muss ihn so nehmen, wie er ist. Ich muss ihn dazu bringen, mir entgegenzukommen." Aber wie?

- Den Gesprächsanfang zum Beziehungsaufbau nutzen:
  - Herr Bohr sollte nicht gleich mit der Tür ins Haus fallen, sondern die Zeit einplanen, sich mit ihm zu unterhalten, sich auf ihn, seine Eigenart und seinen Stil der Gesprächsführung einzulassen.
  - Wenn Herr Bohr die Small-Talk-Phase von vornherein einplant, wird er nicht so genervt sein, wenn Herr Pfeil nach seinem Empfinden „labert".
  - Herr Pfeil macht sich gerne wichtig und heischt nach Anerkennung. Warum sollte Herr Bohr ihm also nicht entgegenkommen und seine Anerkennung für erbrachte Leistung ausdrücken? Dabei sollte er aber nicht heucheln, sonst wirkt er unglaubwürdig.
- Das Gespräch auf der soliden Basis aufbauen:
  Wenn durch sein entgegenkommenderes, akzeptierendes Verhalten eine Beziehung aufgebaut ist, kann Herr Bohr sein Problem ansprechen.

Wichtig für die Gesprächsvorbereitung ist auch die Überlegung, welche Argumente Herrn Pfeil dazu bewegen könnten, die Tests vorzuziehen (siehe Kapitel „Mit Argumenten überzeugen", S. 50 ff.). Aussicht auf Erfolg hat er damit nur dann, wenn er eine ausreichende Beziehungsbasis geschaffen hat.

Grundsätzlich ist es immer ein Zeichen von Professionalität, wenn Sie nicht nur mit Ihnen sympathischen Menschen akzeptable Gesprächsergebnisse erzielen, sondern auch mit Menschen, die für Sie im Umgang eher schwierig sind.

Sprechen Sie Gefühle offen an

In manchen Gesprächssituationen kann es auch sinnvoll sein, das eigene Gefühl direkt anzusprechen.

Beispiel: Ungute Atmosphäre thematisieren

Karin Falter hat bemerkt, dass der Leiter ihres Labors, Hartmut Benn, ihr gegenüber in der letzten Zeit reserviert ist und den Kontakt meidet. Sie weiß nicht, ob er ihr vielleicht ihren heftigeren Diskussionsstil in einem Gespräch kürzlich verübelt oder ob sein Verhalten gar nichts mit ihr zu tun hat. Diese seltsame Atmosphäre ist ihr unangenehm. Sie entschließt sich, in die Offensive zu gehen. Sie verabredet sich mit ihm zum Mittagessen und spricht nach einer Zeit des Small Talks ihr Gefühl an. „Hartmut, ich habe den Eindruck, dass du mir aus dem Weg gehst, überhaupt viel zurückhaltender und kürzer angebunden bist als sonst. Ich frage mich, ob ich dich mit irgendetwas verärgert habe. Oder was ist los?"

Auch wenn Karin Falter die Vorgesetzte von Hartmut Benn ist, spricht sie ihn auf einer kollegialen, gleichberechtigten Ebene an. Sie macht deutlich, dass ihr die gute Beziehung zu ihm wichtig ist und gibt ihm die Möglichkeit, eventuelle Unstimmigkeiten zu klären.

Die Beziehung prägt den Gesprächsverlauf

Auch wenn dies in unserer scheinbar sachorientierten Berufswelt oft unterschätzt wird, so gilt doch nach wie vor:

> Die Beziehung zwischen den Gesprächspartnern ist die Basis, auf der sachliche Probleme gelöst werden. Ist diese Basis gestört, wird es schwierig, ein für beide Seiten befriedigendes Ergebnis im Gespräch zu erzielen.

Für die Gesprächsvorbereitung sind deshalb folgende Fragen wesentlich:

- Mit wem habe ich es hier zu tun?
- Wie steht er zu mir und wie stehe ich zu ihm?
- Welche Auswirkungen hat das auf die Sache?

Die Antworten auf diese Fragen helfen Ihnen, sich auf eventuelle Probleme vorzubereiten und ihnen durch gezielte Maßnahmen entgegenzuwirken.

Der Einfluss von Ort und Zeit

Erinnern Sie sich noch daran, wann Sie Ihren Chef oder Ihre Chefin, Ihren Freund oder Ihre Vermieterin das erste Mal getroffen haben? Wo Sie gesessen oder gestanden haben? Sprachen Sie ungestört? Waren andere dabei oder nicht? Wissen Sie vielleicht sogar noch, welche Kleidung er oder sie trug? Die meisten Menschen speichern den Sachinhalt eines

Gesprächs nicht separat ab, sondern zusammen mit den Informationen zur umgebenden Situation, also Ort und Zeit. Es ist sogar so, dass man sich an Ereignisse, die mit starken sinnlichen oder emotionalen Eindrücken verbunden sind, besser erinnern kann. Auch wenn unsere Aufgabe im beruflichen Feld vorwiegend sachorientiert ist, so haben wir doch unsere Sinne und Emotionen immer „eingeschaltet".

So fördern oder hemmen Raum und Zeit

Räumliche und zeitliche Faktoren können während eines Gesprächs z.B. einschüchtern, stören, Intimität erzeugen, Wertschätzung signalisieren oder die Arbeitsfähigkeit erhöhen - je nachdem, in welchem Rahmen und zu welcher Zeit das Gespräch stattfindet.

Beispiel: Ungünstige Rahmengestaltung

 Der Laborleiter, Herr Benn, bestellt einen seiner Laboranten, Herrn Meier, in sein Büro. Herr Benn sitzt an seinem großen und repräsentativen Schreibtisch in einem hohen, ausladenden Büroledersessel. Die Fotos seiner Familie stehen auf dem Schreibtisch, sein PC und alles, was er täglich braucht und schätzt, ist in greifbarer Nähe. Herr Meier sitzt in einiger Distanz zu ihm auf der anderen Seite des Schreibtischs auf einem Besucherstuhl. Herr Benn hat viel um die Ohren und überfliegt, während er mit Herrn Meier redet, gleichzeitig noch mit halbem Blick seine Papiere und nimmt zwischenzeitlich auch ein Telefonat an.

Wann eine Umgebung ungeeignet ist

Diese Konstellation macht von Herrn Benns Seite aus ziemlich deutlich: „Ich bin hier der Chef, das ist mein Terrain, hier kann ich über alles verfügen". Die Hierarchieunterschiede werden durch die räumliche Anordnung der Gesprächspartner sinnlich verstärkt. Geht es nur um eine kurze, formale Klärung eines Sachverhalts oder Termins, mag diese Umgebung keinen wesentlichen Einfluss auf den Verlauf des Gesprächs haben. Wenn Herr Benn jedoch mit seinem Mitarbeiter über problematische Fragen sprechen möchte, sein Know-how nutzen oder mit ihm gemeinsam eine Lösung erarbeiten möchte, ist dieser Rahmen ungeeignet. Selbst wenn Herr Benn ihn ermuntern würde, sich gleichberechtigt einzubringen, würde Herr Meier dies mit großer Wahrscheinlichkeit nicht wirklich tun können. Diese Umgebung verfestigt die Ungleichheit der Gesprächspartner und unterstützt autoritäre Strukturen.

Die passende Umgebung aussuchen

Die Wahl des Raumes und der Sitzordnung sollten Sie deshalb abhängig von Ihrem Gesprächsziel machen. Wollen Sie zusammen ein Projekt durchsprechen und sich fachlich austauschen, ist ein Tisch mit zwei über Eck stehenden (gleichen) Stühlen sinnvoll. So können Sie auch zusammen in Unterlagen schauen und schreiben. Geht es um ein grundsätzliches Gespräch, ist ein komfortables, schönes Umfeld hilfreich: bequeme Sessel, Getränke, Ruhe, eventuell das Ausweichen in eine ganz andere Umgebung. Beide Gesprächspartner sollten auf gleicher Höhe sitzen, sich anschauen können und über die gleichen Dinge verfügen.

Zeitpunkt und Dauer richtig wählen

Wenn Ihnen an einem konstruktiven Gespräch gelegen ist, sollten Sie den Termin mit Ihrem Gesprächspartner gemeinsam vereinbaren. Auch wenn Sie in der Chefposition sind, sollten Sie Mitarbeiter nicht einfach zu einem bestimmten Zeitpunkt wie eine Ware „bestellen". Eine einfache Form der Wertschätzung ist es, wenn Sie Mitarbeiter fragen, ob der Zeitpunkt passend ist. Ein Gespräch ist inhaltlich immer gefährdet, wenn eine Person zeitlich unter Druck steht oder aus anderen Gründen den Kopf für die Sache nicht frei hat. Geben Sie deshalb Ihrem Gesprächspartner schon bei der Terminvereinbarung eine Orientierung, wie viel Zeit Sie für das Gespräch einplanen. Steht er unter Druck, ist ein Alternativtermin meist die bessere Lösung.

Bedenken Sie: Nebenbeschäftigungen, z. B. Lesen oder sogar Telefonieren wie in unserem Beispiel, sind Signale, die berechtigterweise viele Menschen als Mangel an Wertschätzung interpretieren: „So wichtig, dass ich mich voll auf Sie und unser Thema konzentriere, sind Sie mir nicht." Es ist langfristig gesehen für Sie auch zeitlich ökonomischer, sich im Gespräch voll und ganz auf das Gegenüber und die Sache zu konzentrieren.

Motive klären und Ziele anvisieren

Warum wollen Sie das Gespräch führen? Werden Sie sich darüber klar, welche sachlichen Anliegen und Gefühle Sie antreiben. Aus Ihren Motiven heraus können Sie dann Ihr Ziel klären. Was wollen Sie in diesem Gespräch erreichen? Was soll es bezwecken? Die Antwort auf diese Frage ist einer der wichtigsten Punkte in der Vorbereitung und bei der Steuerung des Gesprächsverlaufs. Das „Wozu" ist Ihr Kompass im Gespräch, der Sie davon abhält, den Faden zu verlieren oder sich von anderen ins Abseits führen zu lassen.

Definieren Sie Ihre Gesprächsziele

1 Machen Sie sich Ihre Ziele bewusst. Manche Ziele sind je nach Gesprächsart schon grob vorgegeben. Bei einem Kritikgespräch z. B. wollen Sie eine Verhaltens- oder Zustandsänderung erzielen, bei einem Verhandlungsgespräch ein gutes Ergebnis. Vage Richtungen wie „Ich muss mal mit ihm darüber reden" oder „So kann es nicht weitergehen" reichen für ein zielführendes Gespräch nicht aus. Überlegen Sie sich, was Sie erreichen möchten.

2 Formulieren Sie Ihre Ziele in der Vorbereitung klar und konkret. Also nicht: „Ich möchte eine Terminverschiebung", sondern: „Ich möchte, dass der Termin um 14 Tage verschoben wird."

3 Achten Sie auf positive Formulierungen. Nicht: „Die Zahl der Mitarbeiter reicht nicht aus." Sondern: „Wir brauchen eine zusätzliche Person im Team X."

4 Berücksichtigen Sie die Gesprächsziele des anderen. Überlegen Sie sich, welche Interessen Ihr Gegenüber in dieser Sache haben könnte. Es sollte Ihnen nicht allein um das Durchsetzen Ihrer eigenen Ziele gehen. Behalten Sie die optimale Lösung für beide Seiten im Auge. Denn: Tragfähige Ergebnisse sind immer solche, bei denen beide Seiten möglichst viele ihrer Vorstellungen und Interessen verwirklicht sehen.

> Ihre Ziele geben Ihnen im Gesprächsverlauf Orientierung und helfen Ihnen, sich für Ihre Vorstellungen einzusetzen.

Checkliste: Leitfragen bei der Zielfindung

1 Was sind meine persönlichen Motive für dieses Gespräch (Sachanliegen/Gefühle)?

2 Was ist mein Ziel in diesem Gespräch (konkret und positiv formulieren)?

3 Wo liegen meine Interessen in diesem Gespräch?

4 Welche Motive/Interessen wird voraussichtlich mein Gegenüber haben?

5 Welche möglichen Konflikte sehe ich?

6 Welche möglichen Übereinkünfte sehe ich?

7 Welche Themen möchte ich ansprechen?

8 Was ist für mich bei einer Lösung wesentlich?

Beispiel: Ein Gespräch strukturiert vorbereiten

 Frau Falter ist unzufrieden mit den Ergebnissen ihres Mitarbeiters, Herrn Rose. Sie möchte deshalb ein Gespräch mit ihm führen. Ihre Zielklärung sieht folgendermaßen aus:

1. Meine Motive

Gefühle: Ärger über nicht termingerechte Bearbeitung von Aufgaben, das Gefühl, er nimmt die Arbeit nicht ernst genug. Sachhintergrund: Mein Interesse an qualitativ hochwertiger, termingerechter Arbeit.

2. Mein Ziel

Ich möchte, dass Herr Rose sich in seinem Arbeitsfeld stärker engagiert und in Zukunft abgesprochene Termine einhält.

3. Meine Interessen im Gespräch

Ich möchte die Hintergründe erkennen: Wie kommt es zu den Verzögerungen und zu dem aus meiner Sicht mangelnden Engagement? Ich möchte,

–   dass er sich stärker mit seiner Aufgabe identifiziert und sich deutlicher für sein Arbeitsfeld engagiert (konkrete Kriterien mit ihm erarbeiten!).

–   dass er sich rechtzeitig im Vorfeld meldet, wenn es zu terminlichen Problemen kommt.

–   dass ich mich auf ihn verlassen kann.

–   dass er mich als seine Ansprechpartnerin wahrnimmt, wenn es um wesentliche Probleme geht, die seine Arbeit betreffen, und er die Sache nicht einfach so laufen lässt, bis nichts mehr geht.

–   dass sich meine Mitarbeiter auch gegenseitig unterstützen. Dafür brauche ich eine gute Atmosphäre im Team.

4. Seine vermutlichen Motive und Interessen

Motive: Überforderung? Familiäre Probleme? Schlechte kollegiale Beziehungen? Kein Spaß an der Arbeit? Mangelndes Zeitmanagement? Interessen: Nicht noch mehr arbeiten? Möglichst wenig Verantwortung?

5. Mögliche Konflikte

Er könnte das Problem leugnen und blockieren (unbedingt vorbeugen durch offene Gesprächsatmosphäre!).

6. Mögliche Übereinkünfte

Regelmäßiger Zwischenstandsbericht und Besprechung möglicher Probleme. Für einen begrenzten Zeitraum regelmäßige Gesprächstermine zur Klärung der beruflichen Situation. Gezielte Personalentwicklung (Zeitmanagement? Teamentwicklung?) Vorschläge von ihm?

7. Themen

Terminprobleme und mangelndes Engagement, Hintergründe, Atmosphäre im Kollegium, private Situation, Fortbildung, feste Gesprächstermine.

8. Wesentliche Punkte

Termine müssen eingehalten werden! Langfristig orientierte Lösung zur besseren Motivation.

Checkliste: Gespräche vorbereiten

Eigene Rolle	• Gibt es eine feste Rollenverteilung?
	• Welches ist meine Rolle und was wird von mir in dieser Rolle erwartet?
	• Wie viel Einfluss kann ich auf die Struktur und den Verlauf des Gesprächs nehmen?
	• Welchen Einfluss möchte ich innerhalb des mir gegebenen Rahmens nehmen?

Beziehung	• Mit was für einer Person habe ich es zu tun?
	• Welchen Horizont und welche Erfahrungen hat sie?
	• Was ist ihr wichtig? Was schätzt sie?
	• Welche Sprache nutzt und versteht sie?
	• Welche Empfindlichkeiten oder „Macken" hat sie?
	• Welche Meinung habe ich von ihr und was empfinde ich ihr gegenüber?
	• Was denkt sie über mich oder empfindet sie vermutlich mir gegenüber?
	• Was ist an dieser Beziehung positiv bzw. problematisch?
Ort & Zeit	• Welcher Ort und welcher zeitliche Rahmen wären für dieses Gespräch günstig?
	• Wenn Sie nicht selbst bestimmen können: Welchen Einfluss hat der örtliche und zeitliche Rahmen auf mich und mein Ziel in diesem Gespräch?
Motive & Interessen	• Was ist mein Anlass für dieses Gespräch (sachlich, emotional)?
Ziel	• Was möchte ich erreichen?
Themen	• Welche Themen möchte ich ansprechen?
Motive des anderen	• Wie steht mein Gegenüber vermutlich zu diesen Themen?
	• Was könnten seine Motive für das Gespräch sein?
Konflikte	• Welche Probleme können auftreten?
Strategie/ Übereinkünfte/ Lösung	• Worauf werde ich besonders achten?
	• Welche möglichen Übereinkünfte sehe ich?
	• Was ist für mich bei einer Lösung wesentlich?

Gespräche aktiv gestalten

Um die eigenen Ziele möglichst umfassend durchzusetzen, empfiehlt es sich, im Gespräch aktiv und steuernd präsent zu sein. Hierfür können Sie eine Reihe von Gesprächstechniken gezielt einsetzen.

Im folgenden Kapitel erfahren Sie,

- wie Sie durch Zuhören Einfluss nehmen (S. 26),
- wie Paraphrasierung die Verständigung sichert (S. 29),
- was eine klare Kommunikation ausmacht (S. 35),
- wie Sie Informationslücken durch Fragen schließen (S. 43),
- was zu einer überzeugenden Argumentation gehört (S. 50),
- welche Vorteile persönliche Formulierungen bringen (S. 63) und
- wie Sie Gespräche durch Metakommunikation steuern (S. 69).

Einfluss nehmen durch Zuhören

Oft wird das aktive Gestalten und Führen von Gesprächen mit Reden gleichgesetzt. Das ist falsch. Eines der wichtigsten und effektivsten Gestaltungsmittel im Gespräch ist das Zuhören.

Die Vorteile aufmerksamen Zuhörens

Aufmerksames, intensives, verstehendes Zuhören ist ein Mittel, das gleich auf mehreren Ebenen Wirkung zeigt und das Gespräch beeinflusst.

Wertschätzung signalisieren

Aufmerksames Zuhören signalisiert Ihrem Gegenüber, dass Sie ihn und seine Sicht der Dinge ernst nehmen und sich mit seinen Inhalten wirklich auseinander setzen. Sie drücken ohne Worte damit aus: „Das, was Sie sagen, ist mir wichtig." Aufmerksames Zuhören ist deshalb eine Form von deutlicher Wertschätzung. Dieses Signal hat einen positiven Einfluss auf die Beziehung der Gesprächspartner.

> Wenn Sie selbst ernsthaft und aufmerksam zuhören, hat auch Ihr Gesprächspartner eine höhere Bereitschaft, sich mit Ihrer Sicht der Dinge und mit Ihren Argumenten auseinander zu setzen, also Ihnen zuzuhören.

Zielgerichtet argumentieren

Es ist mittlerweile kein Geheimnis mehr, dass man eine Person verstehen muss, um sie zu überzeugen. Sie müssen wissen: Was ist ihr wichtig? Was denkt sie? Was hindert sie, bestimmte Dinge zu tun oder zu lassen? Auf diese Weise lassen sich Argumente finden, die dem anderen zugänglich sind. Menschen werden mit Argumenten überzeugt, die für sie relevant und einsichtig sind. Personen mit unterschiedlicher Art zu denken, zu werten und zu entscheiden sprechen auf unterschiedliche Argumente an. Beim Zuhören bekommen Sie ein Gefühl dafür, wie der andere denkt und wo Sie argumentativ anknüpfen können. Sie bekommen Material für eine auf Ihr Gegenüber ausgerichtete Argumentation.

Die Urteilsfähigkeit verbessern

Nur durch Zuhören können Sie Dinge erfahren, die Sie noch nicht wussten oder bisher anders gesehen haben. Nutzen Sie die Möglichkeit, um neue Perspektiven auf eine Sache zu erlangen und Ihren eigenen Horizont zu erweitern. Um Probleme sachgerecht zu lösen, müssen die Umstände und Ursachen klar sein. Das Zuhören ermöglicht Ihnen, Ihre eigene Sichtweise zu hinterfragen und Ihre Thesen zu überprüfen. Dabei ist es beim Zuhören erst einmal völlig irrelevant, ob Sie der gleichen Meinung sind wie der andere oder nicht; es ist vielmehr eine Möglichkeit, Ihre eigenen Ansichten zu überprüfen und gegebenenfalls zu verändern. Dieses Verfahren verbessert Ihre Urteilsfähigkeit und die Qualität Ihrer Entscheidungen.

Zuhören – worauf kommt es an?

Zuhören ist eine konzentrierte Form der Zugewandtheit, bei der Sie sich voll auf die Person und das, was sie ausdrücken möchte, einlassen.

Sich auf den anderen konzentrieren

Es mag sein, dass Sie zuhören und nebenbei andere Tätigkeiten verrichten können, aber Ihr Gesprächspartner wird nicht das Gefühl haben, dass Sie ihm wirklich zuhören. Wenn Sie dem anderen also Ihre Wertschätzung signalisieren möchten, sollten Sie nicht nebenher E-Mails abfragen, Akten sortieren oder aus dem Fenster schauen. Zudem entgehen Ihnen eventuell wichtige Informationen, die Sie über die Körpersprache des anderen erfahren (mehr dazu im Kapitel über Körpersprache, S. 73 ff.). Konzentriertes Zuhören ist so nicht zuletzt auch eine Frage der Qualitätssicherung und Effizienz.

Signale des Zuhörens zeigen

Signale des Zuhörens zeigen sich bei konzentriertem Zuhören meist von selbst, z. B. durch eine offene Körperhaltung, Nicken, zustimmende oder verstehende Laute wie „hm", „ja", „aha" und vor allem regelmäßigen Blickkontakt. Dass Sie zuhören, zeigt sich auch, indem Sie das Gesagte z. B. noch einmal in eigene Worte fassen (dazu mehr im Kapital „Paraphrasierung", S. 29 ff.) und durch gezieltes Nachfragen.

Das Gespräch verschieben

Wer unter Zeitdruck steht, sollte kein Pseudo-Gespräch führen, also so tun, als hörte er zu und setzte sich mit der Frage auseinander, während er in Wirklichkeit innerlich ganz woanders ist. Merken Sie, dass Sie sich nicht auf die Person oder das Gespräch konzentrieren können, weil Ihnen zu viele andere Dinge durch den Kopf gehen oder die Zeit drängt, dann treffen Sie eine Entscheidung. Wenn es sich um ein wichtiges Thema handelt, dann vereinbaren Sie einen günstigeren Zeitpunkt. Sagen Sie beispielsweise: „Das Thema ist mir einfach zu wichtig, ich würde gerne mit weniger Zeitdruck darüber sprechen. Können wir einen anderen Termin vereinbaren?"

Verständigung sichern durch Paraphrasierung

Die Paraphrase ist ein Mittel, das man vor allem aus technischen, militärischen und aus therapeutischen Zusammenhängen kennt. Man fasst dabei mit eigenen Worten zusammen, was man von der Äußerung des anderen verstanden hat. Dabei muss nichts hinzugefügt, nichts kommentiert und auch nichts erweitert werden. Es wird einfach das wiedergegeben, was man gerade gehört hat. Beim Militär z. B. ist das der Befehl, bei einer Kunden-Hotline die Störungsbeschreibung des Kunden.

In beruflichen Gesprächen ist die Paraphrase als Gestaltungsmittel selbstverständlich keine Wiederholung von Befehlen. Sie fassen vielmehr mit eigenen Worten zusammen, was Sie bisher wahrgenommen haben.

Beispiel: In eigene Worte fassen

 „Wir haben vor, die Marketing-Abteilung personell aufzustocken ..."
Paraphrase: „Sie wollen im Marketing zusätzliche Mitarbeiter einstellen."

> Die Paraphrase ist, wie das aufmerksame Zuhören, eher eine nicht oder
> nur wenig lenkende Form der aktiven Gesprächsgestaltung.

Die Vorteile der Paraphrase

Ähnlich wie das aufmerksame Zuhören signalisiert die Paraphrase Aufmerksamkeit und Wertschätzung, sie geht jedoch
in ihrer Wirkung und ihren Anwendungsmöglichkeiten weit
darüber hinaus.

Verständnis sichern

Indem Sie wiedergeben, was Sie verstanden haben, können
beide Seiten überprüfen, ob das Verständnis gelungen ist. Ihr
Gegenüber merkt, ob er alle wesentlichen Aspekte genannt
hat, ob die Gewichtung stimmt, ob vielleicht etwas falsch
rübergekommen ist. Als Mittel der Verständnissicherung ist
die Paraphrase unschlagbar und in professionellen Gesprächen unverzichtbar. Kommunikation ist ein störanfälliger
Prozess und häufig leben wir in der Illusion, wir hätten den
anderen verstanden. Erst Stunden, Tage oder sogar Wochen
später offenbart sich, dass dies eben nicht der Fall war. Die
Paraphrase ist ein einfaches, ökonomisches Mittel, das eigene
Verständnis zu überprüfen.

Beispiel: Die Hauptaussage herausfiltern

„Also, ich finde sowieso, dass das alles viel zu lange dauert an
der Uni. Die verbringen da Jahre ihres Lebens und wenn sie dann
in die Firmen kommen, haben sie nur Theorie im Kopf. Von der
Praxis haben die doch keinen Schimmer."

Paraphrase: „Sie meinen, dass die Ausbildungszeiten an den
Universitäten zu lang und die Ausbildung zu praxisfern ist."

Die Beziehung gestalten

Zu paraphrasieren, was jemand anderes gesagt hat, ist ein Akt der Zuwendung. Es ist ein sehr deutliches Signal dafür, dass Sie sich ernsthaft mit der Sicht Ihres Gegenübers auseinandersetzen, und damit ein Signal der Wertschätzung. Dies hat eine positive Auswirkung auf die Beziehung. Umgekehrt strahlt diese Wertschätzung auf Sie zurück. Wenn Sie sich mit Ihrem Gesprächspartner auseinandersetzen, ist dessen Bereitschaft, sich auch auf Ihre Sichtweise einzulassen, deutlich größer.

Das Gespräch versachlichen

Wenn Sie sehr emotionale Gesprächsbeiträge ruhig und sachlich paraphrasieren und dabei auch Verständnis für die Gefühle des Gesprächspartners signalisieren, machen Sie durch die Paraphrase deutlich: „Ich verstehe Sie." Durch dieses Signal des Verstehens wirken Sie beruhigend auf die andere Person ein. Sie erkennt, dass Sie das Wesentliche verstanden haben und sie nicht noch deutlicher werden muss. So gesehen ist die Paraphrase auch ein Mittel, um zu verhindern, dass die Situation verbal und emotional eskaliert.

Beispiel: Auf Inhalt und Emotion reagieren

„Das ist ja wohl eine Unverschämtheit. Erst sagt er, er liefert am 13., nichts kommt, ich rufe am 14. an, er sagt, es ist unterwegs, am 15. ist immer noch nichts da. Das ist doch ein Saftladen. Und wir stehen hier und können nicht weitermachen."

Paraphrase: „Aha, er hat also mehrmals Liefertermine genannt, die dann nicht eingehalten wurden, und jetzt verzögert sich auch bei Ihnen alles. Ja, das ist sehr ärgerlich."

Zeit geben und Zeit gewinnen

Die Paraphrase ermöglicht es Ihrem Gegenüber, den eigenen Standpunkt noch einmal zu überprüfen, zu ergänzen oder zu korrigieren. Andererseits können Sie die Paraphrase auch nutzen, um selbst Zeit zu gewinnen und zu überlegen, wie Sie jetzt weiter handeln wollen.

Den anderen zum Reden bringen

Wer sich ein möglichst realistisches Bild einer Situation machen möchte, muss möglichst umfassende Informationen bekommen. Wenn Sie im Gespräch paraphrasieren ohne zu kommentieren oder weiterzufragen, ist dies eine Form, den Gesprächsball zurückzuwerfen. Der andere wird mit großer Wahrscheinlichkeit weitererzählen und Informationen liefern, die Sie bei einer gründlichen Situationsanalyse und der eigenen Argumentation unterstützen.

Beispiel: Informationen sammeln

 Pfeil: „Also wir sind im Moment personell total eng. Und der Meier will jetzt auch, dass wir seine Gurte in den Test nehmen."

Bohr (Paraphrase): „Hm, der Meier will jetzt auch seine Testreihen durchziehen."

Pfeil: „Ja, der hat gemailt, dass er am Montag soweit ist und dann ..."

Das Gesprächsergebnis festhalten

Sie können die Paraphrase gegen Ende eines Gespräches nutzen, um die erarbeiteten Ergebnisse zusammenzufassen. So können Sie Ihr Verständnis des Ergebnisses mit der anderen Seite abgleichen und Korrekturen vornehmen, wenn dabei Missverständnisse oder Unklarheiten deutlich werden.

Beispiel: Was zu tun ist

 Paraphrase: „Sie überprüfen also die Daten und geben mir bis Donnerstag Bescheid. Ich kümmere mich in der Zwischenzeit um Meier und die Freigabe." Reaktion: „Ja, aber Donnerstag wird das vor 15.00 Uhr nichts werden. Vorher sind wir noch mit den Vertrieblern zugange."

Paraphrasieren – worauf kommt es an?

Es ist nicht ganz einfach, die Paraphrase zu nutzen, wenn man sonst eher direktiv, also stärker lenkend oder argumentierend an Gesprächen beteiligt ist. Sie setzt dem Gesprächspartner gegenüber nämlich eine Haltung des Verstehens voraus: Sie möchten wissen und verstehen, was der andere zu sagen hat.

So paraphrasieren Sie

Sie haben verschiedene Möglichkeiten:

- Sie geben mit eigenen Worten wieder, was Sie verstanden haben.

- Sie fassen einen längeren Beitrag des anderen zusammen.

- Sie wiederholen einfach nur einzelne Worte oder Satzteile, die Ihr Gesprächspartner gesagt hat.

- Sie wiederholen die Kernaussage und fassen zusätzlich das Gefühl in Worte, das Sie herausgehört haben.

Paraphrasetechnik einüben

Die Praxis zeigt, dass man üben muss, die Paraphrase angemessen und gesprächsfördernd anzuwenden. Üben können Sie dabei auch durchaus im privaten Rahmen, mit Kindern, Freunden, Nachbarn. Nehmen Sie sich einfach vor, wenn jemand mit einem Erzählbedürfnis oder einem Problem zu Ihnen kommt, nicht direkt zu argumentieren, eigene Erlebnisse zu schildern oder mit Fragen einzugreifen. Setzen Sie stattdessen die Paraphrase ein. Manchmal reicht es auch, nur einzelne Worte oder Satzteile zu wiederholen, um so den Gesprächsball wieder zurückzuwerfen. Die andere Person wird - ohne groß darüber nachzudenken - genau an dieser Stelle weitererzählen.

Beispiel: Den Gesprächsball zurückwerfen

 Bernd: „Die Situation ist ziemlich verfahren. Jetzt hat der Schmidt auch noch angekündigt, dass er sich nach was anderem umschaut."

Sabine: „Hm, der Schmidt auch."

Bernd: „Ja, gerade bei ihm kann ich das überhaupt nicht verstehen. Wir haben so viel Energie in dieses Projekt investiert ..."

Paraphrase gezielt, aber dezent einsetzen

Wenn Sie die Paraphrase allerdings permanent und aufdringlich benutzen, wird der andere sich nicht ernst genommen fühlen.

Papageienhaftes Nachsprechen ist nicht Paraphrasieren. Paraphrasieren ist Teil einer verstehenden, einfühlenden Haltung dem anderen gegenüber, die ihn ermuntert, weiterzusprechen, mehr zu diesem Thema zu sagen.

Klar kommunizieren

Im Gespräch möchte ich meinem Gegenüber etwas vermitteln, suche passende Worte für mein Anliegen und hoffe darauf, dass es verstanden wird. Der andere hat jedoch ein eigenes Entschlüsselungssystem für die Worte und Gesten, die ich verwende, und bewertet mich und das Gesagte mit einem anderen Erfahrungshorizont.

Gelernt haben wir das Kommunizieren von unterschiedlichen Menschen, unter unterschiedlichen Voraussetzungen und mit unterschiedlichen Ergebnissen. Je größer hier die Unterschiede sind, desto größer ist das Risiko, sich misszuverstehen, auch wenn beide Seiten guten Willens sind. Weil Kommunikation ein störanfälliges System zur Verständigung ist, wir aber über keine andere Möglichkeit zum Austausch von Informationen, Absichten, Meinungen, Wünschen und Gefühlen verfügen, ist ein möglichst hohes Maß an Klarheit hilfreich für die Verständigung.

Im deutschen Sprachraum – für andere Kulturen trifft dies nicht oder nicht in gleichem Maße zu – gilt klare Kommunikation als etwas Positives und ist Ausdruck von Sicherheit und Souveränität. Klarheit heißt in diesem Zusammenhang nicht, dass Sie jedem alles an den Kopf knallen, was Sie gerade denken, sondern: Das, was Sie sagen, sollte möglichst stimmig und eindeutig sein.

Sich selbst klären

Klare Kommunikation setzt voraus, dass Sie selbst wissen, was Sie wollen und was nicht, was Sie sagen möchten und was nicht. Je diffuser es in einem aussieht, desto schwieriger wird es, sich dem anderen verständlich zu machen. Die Voraussetzung für klare Kommunikation ist also die Selbstklärung: Welche Empfindungen und Handlungsimpulse in Bezug auf ein Thema oder eine Person nehmen Sie in sich wahr? Und wie können Sie aus Ihren vielleicht widersprüchlichen Gedanken, Einschätzungen und Wünschen zu einer klaren, ausgewogenen und von Ihnen verantwortbaren Position kommen?

Vielstimmigkeit zulassen

Alle Stimmen in Ihnen sind eine wertvolle Orientierungshilfe, nicht allein die lauteste oder drängendste. Sich klären heißt also auch, sich den Widersprüchen zu stellen und das Wissen, die Erfahrung der unterschiedlichen inneren Stimmen zu nutzen.

Ruth Cohn, Psychoanalytikerin und Spezialistin für die themenzentrierte Arbeit in Gruppen, beschrieb diese Vielstimmigkeit im Inneren eines Menschen als „inneres Parlament", in der das Ich – der Vorsitzende („Chairman" oder „Chairperson") – nach Beratung der Parlamentsmitglieder zu einer ausgewogenen und von ihm verantwortbaren Handlung, Aussage oder Entscheidung kommt. Der Kommunikationspsychologe Friedemann Schulz von Thun griff diesen Ansatz auf und prägte den Begriff des „inneren Teams".

Die Gesprächspartner spüren Unstimmigkeiten

Auch ohne gründliche Selbstklärung und Verhandlung mit Ihrem inneren Team sind Sie handlungs- und kommunikationsfähig. Allerdings haben Ihre Mitmenschen oft ein gutes Gespür für die inneren Konflikte ihres Gegenübers und auch eine sichere Wahrnehmung für Unsicherheit und Widersprüchlichkeiten.

In der Regel sind es körpersprachliche Zeichen, die anderen signalisieren, dass da etwas nicht „stimmt". Dann passen beispielsweise sprachlicher Inhalt und Gesichtsausdruck oder der Klang der Stimme nicht zusammen. Innere Ungeklärtheiten vermitteln sich über Kanäle, die Sie selbst nur sehr bedingt steuern können.

Beispiel: Unklare Signale aussenden

Die Firma von Lutz Kerber, IT-Consultant, ist insolvent. Er ist freigestellt und muss sich beruflich neu orientieren. Er hat das Angebot der Stadt Wuppertal, als IT-Fachmann auf einer TV-L 10-Stelle einzusteigen. Vor dem Gespräch hat Herr Kerber Zweifel: Soll er wirklich bei der Stadt für die Hälfte seines ehemaligen Gehalts als IT-Fachmann anfangen? Obwohl er fachlich absolut geeignet ist und im Gespräch sagt, dass er die Aufgabe gerne übernehmen würde, bleiben nach dem Gespräch auf der Seite der Stadt Zweifel, ob er der Richtige ist.

Warum? Wahrscheinlich haben die Gesprächspartner der Stadt Herrn Kerbers Ambivalenz in Bezug auf die Stelle wahrgenommen.

Was sagt das „innere Beraterteam" dazu?

Herrn Kerber spürte in Bezug auf die Stelle keine Klarheit. Hätte er den unterschiedlichen inneren Stimmen als Beraterteam mehr Aufmerksamkeit geschenkt, hätte sich folgendes Bild ergeben:

Beispiel: Das „innere Beraterteam"

Der Sicherheitsbewusste: „Sicher ist sicher. Bei der Arbeitsmarktlage ist das doch optimal. Der Job ist krisenfest, du hast geregelte Arbeitszeiten. Die müssen dich auch halten, wenn du nicht mehr geradeaus laufen kannst. Mach das!"

Der Statusbewusste: „Na, da bist du dann so ein kleines Würstchen bei der Stadt. Prima! Dafür hast du dich die letzten Jahre so krumm gemacht?"

Der Ökonom: „Da musst du finanziell aber arg zurückstecken. TV-L 10 für einen Ingenieur mit 10 Jahren einschlägiger Berufspraxis, das ist nicht der Knüller. Die große Wohnung lässt sich so wahrscheinlich nicht halten. Aber immerhin ein festes, geregeltes Einkommen. Hat in diesen Zeiten auch was für sich."

Der Familienvater: „Nicht schlecht! Dann bist du nicht mehr so viel unterwegs, hast mehr Zeit für die Kinder. Dann kannst du auch am Nachmittag mal so zeitig zu Hause sein, dass du noch zusammen mit den Kids ins Schwimmbad kannst."

Der Abenteurer: „Mensch, das kannst du doch nicht machen. Morgens hin, stempeln, nachmittags raus, stempeln. Und dann in so einer hierarchischen Behörde, wo alle Mühlen so langsam gehen und jeder nur bis zu seinem eigenen Schreibtisch denkt. Das hältst du gar nicht aus. Du brauchst Projekte, Herausforderungen! Lass den Mist, du wirst schon noch was Besseres finden."

Der Schicksalsergebene: „Wenn's das sein soll, dann werden sie dich schon nehmen. Wenn nicht, dann nicht."

Es wird deutlich, dass Herr Kerber die vielen kritischen Stimmen nicht in seine Entscheidung, sich zu bewerben, eingebunden hat. Er war sich selbst nicht darüber im Klaren, ob er die Stelle überhaupt will. Erst wenn man sich ausreichend mit den verschiedenen inneren Beratern auseinander gesetzt und zu einer inneren Überzeugung gefunden hat, kann man nach außen sicher und überzeugend auftreten.

> Ein überzeugendes Auftreten nach außen setzt innere Klarheit und Sicherheit voraus.

Checkliste: Sich klären

Müssen oder wollen Sie zu einer Sache Stellung zu beziehen oder eine Entscheidung treffen und diese in einem Gespräch darlegen, dann gehen Sie folgendermaßen vor:

1 Welche verschiedenen Gedanken und Gefühle registrieren Sie? Machen Sie sich Notizen. So bekommen Sie leichter einen umfassenden Überblick. Betrachten Sie diese unterschiedlichen Gedanken und Gefühle als Mitglieder Ihres inneren Beraterteams. Sie repräsentieren Ihr gesamtes verfügbares Wissen und Ihre Erfahrung. Versuchen Sie auch, die leisen Teammitglieder mit Ihrer Botschaft wahrzunehmen.

2 Benennen Sie die verschiedenen Stimmen und bringen Sie deren Haltung zu der Angelegenheit kurz und knapp auf den Punkt (wie in dem Beispiel auf S. 38).

3 Überlegen Sie, wie Sie unter Berücksichtigung der verschiedenen Stimmen zu einer Haltung kommen können, die Sie nach außen hin vertreten und verantworten wollen und können. Mit welcher Haltung können Sie möglichst viele Aspekte der verschiedenen Stimmen berücksichtigen?

4 Nehmen Sie diese Ergebnisse als Grundlage für die Vorbereitung des bevorstehenden Gesprächs.

Niemals unter Zeitdruck handeln

Wenn jemand Sie in einem Gespräch zu einer Entscheidung drängt, Sie selbst aber noch nicht wissen, was Sie möchten, ist es ein legitimes Mittel, die Antwort aufzuschieben.

Beispiel: Um Aufschub bitten

 „Ich möchte gern noch einmal kurz über die Sache nachdenken. Ist es für Sie o. k., wenn ich mich gegen Mittag noch mal bei Ihnen melde und Bescheid sage?"

Lassen Sie sich nicht in die Enge treiben

Manchmal reicht schon eine halbe Stunde, manchmal möchte man eine Nacht darüber schlafen oder vielleicht sogar mehrere Tage nachdenken. Nehmen Sie sich die Zeit, die Sie brauchen, um sich ein klares Bild zu machen. In vielen Fällen lässt man sich schneller in eine Entscheidung hineindrängen, als es die Sache verlangt. Die Folgen einer unausgewogenen Entscheidung belasten Sie dann unter Umständen lange. Sobald Ihnen Ihre Haltung zu einer wichtigen Frage im Gespräch nicht sofort klar ist, nehmen Sie sich die Zeit, sich zu klären und Ihr inneres Team zu befragen. Im Anschluss daran fällt es Ihnen leichter, ausgewogen und verantwortlich zu entscheiden und dies auch souverän zu vertreten.

Klar formulieren

Wenn Sie wissen, was Sie vertreten wollen und Ihre Haltung gefühlsmäßig und argumentativ gut fundiert ist, wird es Ihnen leichter fallen, klar zu formulieren. Doch manche Menschen haben sich angewöhnt, ihre an sich eindeutige Haltung und Überzeugung hinter zaghaften Formulierungen zu verschleiern und dadurch abzuschwächen.

Folgende Techniken erleichtern es Ihnen, Ihre Meinung klar zu vertreten:

- Verzichten Sie auf „Weichmacher" wie „eigentlich", „vielleicht", „wohl", wenn Sie sich Ihrer Sache sicher sind.

Beispiele: Keine Weichmacher im Vorstellungsgespräch

„Welche Kompetenzen bringen Sie denn für diese Aufgabe mit?"
„Ja, ich kann eigentlich ganz gut mit Menschen umgehen."
Besser: „Ich kann gut mit Menschen umgehen."
„Im Besonderen kann ich vielleicht auch sagen, dass ich gut ..."
Besser: „Ich kann gut ..."

- Leiten Sie Ihre Sätze nicht mit „Ich denke", „Ich glaube" oder anderen Formulierungen ein, die Unsicherheit oder Zweifel signalisieren, wenn Sie sich Ihrer Sache sicher sind.

Beispiele: Für die eigene Kompetenz einstehen

> „Ich denke, ich kann ganz gut organisieren"
> Besser: „Ich kann gut organisieren."
> „Ich glaube, ich kann sagen, dass mir kreative Aufgaben liegen."
> Besser: „Mir liegen kreative Aufgaben."

- Verzichten Sie auf unnötige Verkleinerungen.

Beispiele: Das eigene Licht nicht unter den Scheffel stellen

> „Da war ich auch ein bisschen für die Koordination zuständig."
> Besser: „Ich war mitverantwortlich für die Koordination."
> „Um Ihnen da mal ein kleines Beispiel zu geben: Ich habe ..."
> Besser: „Ich möchte Ihnen gerne ein Beispiel geben: ..."

- Wenn Sie sich sicher sind, ist der Konjunktiv die falsche Form.

Beispiele: Könnten oder können Sie?

> „Ich würde schon denken, dass ich der Aufgabe gewachsen bin."
> Besser: „Nach den Erfahrungen, die ich bisher gesammelt habe, gehe ich davon aus, dass ich der Sache gewachsen bin."
> „Ich könnte vielleicht auch dafür die Verantwortung übernehmen."
> Besser: „Ich kann mir gut vorstellen, Verantwortung für den Bereich X zu übernehmen. Ich habe entsprechende Erfahrungen in ...."

- Wenn Sie etwas von jemandem wollen, sprechen Sie es klar aus, adressieren Sie Ihren Wunsch und verzichten Sie auf versteckte Appelle.

Beispiele: Direkte Ansprache

„Es wäre vielleicht ganz gut, wenn jemand mich informieren könnte."

Besser: „Karla, bitte informier' mich, wenn's so weit ist."

„Die Post muss heute noch weggebracht werden."

Besser: „Frau Dornhöfer, nehmen Sie bitte heute die Post noch mit."

Gezielt fragen

Fragen können Prozesse anregen, sie können helfen, Informationslücken zu schließen, andere dazu bringen, ihre Argumente auf den Tisch zu legen, motivieren und vieles mehr. Fragen können aber auch ein Gespräch blockieren. Wer jemanden zum Reden bringen möchte und dies mit einem dafür ungeeigneten Fragetypus versucht, wird schnell scheitern. Wichtig ist zu wissen, mit welchen Fragen Sie was bewirken, damit Sie Fragen gezielt nutzen können.

Offene und geschlossene Fragen

Grundsätzlich kann man zwischen geschlossenen und offenen Fragen unterscheiden.

Geschlossene Fragen

Geschlossene Fragen sind Fragen, die die Antwortmöglichkeit sehr einschränken. Sie fragen nach einem bestimmten Wort und sind oft lediglich mit Ja oder Nein zu beantworten.

Beispiel: Ja oder nein?

„Sind Sie verheiratet?"

„Steht mir ein Dienstwagen zur Verfügung?"

„Haben Sie bereits eine Lebensversicherung abgeschlossen?"

Geschlossene Fragen können Sie einsetzen, um eine gezielte, verbindliche Information zu einem präzise eingegrenzten Punkt zu erhalten. Sie eignen sich auch dazu, Vielredner im Zaum zu halten und „Nägel mit Köpfen" zu machen.

Wenn Sie mehr über andere erfahren wollen, jemanden zum Reden animieren und ein Gespräch in Schwung bringen möchten, sind geschlossene Fragen ein ungeeignetes Mittel. Als Fragender fühlen Sie sich oft genötigt, gleich die nächste Frage zu stellen, um das Gespräch am Laufen zu halten. So kann Frage auf Frage folgen und das Gespräch bekommt eher den Charakter eines Verhörs als den einer Unterhaltung.

Offene Fragen

Offene Fragen lassen dem anderen hingegen mehr Spielraum zu antworten. Sie beginnen mit einem der W-Frageworte: Wer, wie, was, wieso, weshalb, warum. Deshalb nennt man sie auch W-Fragen.

Beispiel: Hintergründe erfragen

„Wie steht Ihre Familie zu Ihren Umzugsplänen?"

„Was halten Sie davon, Frau Falter mit der Aufgabe zu betrauen?"

Der Befragte kann auswählen, was und wie viel er erzählen möchte. In der Regel bekommen Sie bei offenen Fragestellungen mehr Informationen. Da der Befragte Inhalt und Gewichtung der Antwort stärker steuern kann, erfahren Sie mehr von ihm als Person. Dies ist oft hilfreich, um die Bedürfnisse und Ziele des anderen (z. B. eines Kunden) zu erfassen. Geschickte Gesprächspartner können sich bei offenen Fragen aber auch gut „herausreden". Da kann eine präzise und zielgenaue geschlossene Frage Abhilfe schaffen.

Offene Fragen sind das Mittel der Wahl, wenn

- Sie die Perspektive von anderen kennen lernen und verstehen wollen,

- Sie sich ein Bild von einem komplexen Vorgang oder Sachverhalt machen wollen, z. B. in einem Akquisegespräch oder

- Sie in einer Gruppe einen Diskussionsprozess anregen wollen.

Fragetypen und ihre Anwendung

Verschiedene Fragetypen haben unterschiedliche Funktionen in einem Gespräch. Im Folgenden finden Sie die wichtigsten und Sie erfahren, zu welchem Zweck Sie diese einsetzen können.

Informations- oder Faktenfragen

Die Informations- oder Faktenfrage gehört zur Kategorie der offenen Fragen. Gefragt wird nach fehlenden Informationen und Fakten, die nach aufmerksamem Zuhören zum weiteren Verständnis des Sachverhaltes gebraucht werden.

Beispiele: Informationen erfragen

> „Seit wann haben Sie den Eindruck, dass Herr Müller nicht mehr ganz bei der Sache ist?"
>
> „Sie haben gewisse Anzeichen erwähnt, an denen man hätte erkennen können, dass die Sache nicht laufen wird. Welche Anzeichen meinen Sie?"

Verständnis- oder Definitionsfragen

Häufig verwenden wir Begriffe, bei denen wir von einem gleichen oder zumindest ähnlichen Verständnis beim anderen ausgehen. Diese Gemeinsamkeit ist jedoch nicht immer gegeben. Wenn jemand z. B. bei einem Produkt von „teuer" oder „günstig" spricht, wissen Sie nicht, ob er die gleichen Maßstäbe hat wie Sie. Verständnis- und Definitionsfragen helfen hier, eine gemeinsame Basis des Verstehens herzustellen. Auch diese Fragen gehören zum Typ der offenen Fragen.

Beispiele: Nachfragen

> „Was heißt für Sie zu teuer?"
>
> „Sie sprachen von Motivationslack. Was verstehen Sie genau darunter?"

Begründungsfragen

Hier fragen sie nach Gründen und Argumenten. Sie wollen Antwort auf die typischen Sesam-Straße-Fragen „wieso, weshalb, warum". Sie können damit auch gut erkennen, wie fundiert Behauptungen und Vorschläge sind, Sachverhalte auf ihre Plausibilität hin überprüfen und sich eine Meinung bilden. Die Begründungsfragen sind deshalb ein absolut notwendiges Handwerkszeug für die gestaltende Gesprächsführung. Auch dieser Fragetypus gehört zu den offenen Fragen.

Beispiele: Nach Argumenten fragen

„Sie sind der Meinung, wir sollen für die Betreuung der Patienten eine Freizeitpädagogin einstellen. Warum sollten wir das tun?"

„Wieso haben Sie Herrn Schulz denn nach Hause geschickt?"

Eingebettete Fragen

Eingebettete Fragen haben grammatikalisch die Form einer Aussage, werden aber trotzdem von anderen als Frage verstanden. Sie eignen sich gut, um einen neuen Vorschlag einzubringen, bei dem man unsicher ist, wie der andere ihn aufnimmt. Die Einbettung mindert den Antwortdruck, der andere kann sich frei äußern, weil er ja nicht direkt gefragt wurde. In Verhandlungsgesprächen kann man so z. B. einen „Versuchsballon" mit einer Kompromisslösung starten.

Beispiel: Erst mal „vorfühlen"

„Ich weiß nicht, was Sie davon halten, aber ich könnte mir auch vorstellen, dass wir Frau Feuerbach für den Abteilungsleiterposten vorschlagen."

„Ich weiß nicht, wie Sie die Sache sehen. Aber wir hatten überlegt, die Herausgabe der Studie vielleicht noch einmal zurückzustellen."

Ja-Nein-Fragen

Ja-Nein-Fragen gehören zum geschlossenen Fragetypus. Damit lässt sich kurz und knapp eine Information abprüfen oder eine Entscheidung herbeiführen. Bei der Darstellung komplexer Zusammenhänge empfiehlt es sich, zu Beginn mit offenen Fragen, Zuhören und Paraphrasen zu arbeiten und dann Wissenslücken mit Ja-Nein-Fragen zu schließen.

Beispiele: Informationslücken gezielt schließen

„Haben Sie den Vertrag bereits unterschrieben?"
„Ist Ihr Betrieb zertifiziert?"

Alternativfragen

Auch Alternativfragen gehören zu den geschlossenen Fragen. Der Befragte kann zwischen zwei vorgegebenen Möglichkeiten wählen. Eine Entscheidung ist möglich, aber nur in diesem sehr begrenzten Rahmen.

Beispiele: entweder – oder

„Wollen Sie ein Raucher- oder Nichtraucherzimmer?"
„Kann ich nun in der 43. oder in der 44. KW Urlaub nehmen?"

Suggestivfragen

Suggestivfragen gehören zum geschlossenen Typus und legen eine bestimmte Antwort nahe. Dem Gegenüber bleibt fast nur diese Antwort übrig. Wissen Sie sicher, dass Ihr Gesprächspartner der gleichen Meinung ist wie Sie, können Sie guten Gewissens so fragen. Weil Suggestivfragen aber auch ein Mittel zur Manipulation, zur latenten Drohung oder Unterstellung sein können, tragen sie häufig eher zur Verschlechterung der Beziehung und des Gesprächsklimas bei. Insgesamt gilt deshalb immer: Vorsicht bei der Anwendung.

Beispiel: Latente Drohung

 „Wollen Sie etwa die Frauenquote erhöhen?"

Hier ist die Suggestivfrage manipulativ gebraucht: Das „etwa" hat einen drohenden Charakter. Der Frager will ein Nein oder eine Korrektur des vorher Gesagten hören.

Beispiel: Als Frage verkleideter Vorwurf

 „Finden Sie nicht, dass Sie bisher ziemlich wenig geleistet haben?"

„Sind Sie nicht auch der Meinung, dass das hätte schneller gehen müssen?"

Diese Fragen verlangen eine Bestätigung oder Verteidigung als Antwort. Der Frager versucht seine Sicht der Dinge dem Gegenüber aufzudrängen. Solche Fragen tragen nicht zum konstruktiven Verlauf eines Gesprächs bei.

Bestätigungsfragen

Mit Bestätigungsfragen lässt sich überprüfen, ob das Gesagte richtig verstanden wurde. Sie sind eine andere Form der Paraphrase und implizieren im Gegensatz zur Suggestivfrage keine bestimmte Antwort. Auch sie gehören zu den geschlossenen Fragen.

Beispiele: Verständnis sichern

 „Habe ich Sie richtig verstanden? Unter diesen Bedingungen plädieren Sie für eine Abschaffung der Gleitzeitregelung?"

„Stimmt das: Sie erwarten also nicht, dass er sich wieder meldet?

Mit Argumenten überzeugen

In allen Beziehungen, in denen Sie nicht durch Ihre Rolle am längeren Hebel sitzen, sind Sie darauf angewiesen andere zu überzeugen, wenn Sie Ihre Ideen realisieren wollen. Auch, wenn Sie sich in der stärkeren Position befinden, reicht es nicht, etwas autoritär vorzuschreiben. Denn es gibt viele Möglichkeiten, aufgedrängte Konzepte und Verordnungen unauffällig zu sabotieren – sei es durch gebremstes Engagement oder das Vorenthalten von Informationen. Moderne Führungskonzepte gehen deshalb von einem Überzeugungsansatz aus. Es ist langfristig wirkungsvoller, die Mitarbeiter von den eigenen Vorstellungen zu überzeugen bzw. auch für ihre Ideen offen zu sein und von ihrem Wissen zu profitieren. Auch wenn es einer Führungskraft nicht immer gelingt, alle Mitarbeiter für eine Sache zu begeistern, so findet die Entscheidung größere Akzeptanz, wenn alle Einwände und Bedenken gehört wurden und das wirkliche Bemühen um gegenseitiges Verständnis spürbar wurde.

Überzeugen lassen sich andere nur mit guten Argumenten. Deshalb ist zielorientiertes Argumentieren eine Schlüsselfähigkeit für Mitarbeiter aller Ebenen.

Checkliste: Grundsätzliches zum Überzeugen

- Gestehen Sie anderen die Freiheit zu, sich ihre eigene Meinung zu bilden, auch wenn sie konträr zu Ihrer ist.

- Versuchen Sie, durch Argumente zu überzeugen, die auf die Person, die Interessen und Werte des anderen zugeschnitten sind.

- Diskutieren Sie engagiert, aber üben Sie keinen Druck aus. Zu starkes Engagement wird als bedrängend empfunden und führt oft dazu, dass andere unzugänglich werden.

- Setzen Sie sich mit den Gedanken und Vorstellungen des anderen wirklich auseinander. Versuchen Sie gut zuzuhören und zu verstehen. Nur wenn Sie andere und deren Situation verstehen, können Sie passende Argumente finden.

- Seien Sie selbst offen, sich von guten Argumenten anderer überzeugen zu lassen. Machen Sie deutlich, wenn Sie etwas gut finden und wo Gemeinsamkeiten bestehen.

- Verhalten Sie sich respektvoll und fair.

- Um zu überzeugen, muss man warten können. Oft brauchen Menschen Zeit, um Argumente in Ruhe auf sich wirken zu lassen und Alternativen zu durchdenken. Dies geschieht oft erst *nach* einem Gespräch.

Wie wichtig Gefühle sind

Viele Menschen sind der Ansicht, man sei überzeugend, wenn man sachlich und rational argumentiert. Definiert man „sachlich" als „an der Sache orientiert und dem anderen gegenüber fair", ist dies sicher richtig. Setzt man „sachlich" jedoch mit „rational" gleich, so muss man diese These einschränken. Von der Wirkung her gesehen ist eine nur den Verstand ansprechende Strategie oft nicht erfolgreich.

Gefühle sind oft entscheidend

Warum erreicht man mit einer rein den Verstand ansprechenden Argumentationsweise oft nicht sein Ziel? Wer sein Gegenüber davon überzeugen möchte, etwas anderes zu tun als bisher, ein Projekt zu unterstützen oder gegen diesen oder jenen Vorschlag zu stimmen, der trifft auf einen Menschen, der bereits bestimmte Meinungen, Überzeugungen und Gewohnheiten hat. Diese sind nicht alle rational begründet, sondern haben mit den Werten und Erfahrungen dieser Person zu tun, mit ihren Zielen, ihren Ängsten und Vorlieben. Die Einstellungen und Ansichten des anderen sind also nicht allein rational zu verstehen.

In vielen Fällen ist es also nicht möglich, jemanden allein mit rationalen Argumenten dazu zu bewegen, seine Haltung zu ändern. Versuchen Sie herauszufinden, welche Gefühle mit der Haltung des anderen verbunden sind. Nur wenn Sie auf diese Gefühle in Ihrer Argumentation auch eingehen und Lösungen finden, die diese respektieren, wird es Ihnen gelingen, jemanden zu einer Änderung zu bewegen.

Beispiel: Durch rationale Argumente nicht zu bewegen

 In der Abteilung einer Verwaltung soll die Terminplanung in Zukunft über das PC-Netzwerk laufen. Die Mitarbeiter sollen ihre Termine in einem gemeinsamen Programm eintragen. Die Einträge sind für die Kollegen einsehbar. Es gibt viele rationale Argumente für dieses Vorgehen: Bei Abwesenheit kann Anrufern mitgeteilt werden, wann Sie den Mitarbeiter wieder sprechen können. Besprechungstermine können zentral frei gehalten und eingetragen werden etc.

Trotzdem lehnt der Mitarbeiter Schulz das neue System der Terminorganisation ab. Er ist 57 Jahre alt und möchte die letzten Jahre seines Berufslebens nichts mehr Grundlegendes an seinen Arbeitsabläufen ändern. Er ist unsicher am PC und befürchtet überdies durch die terminliche Transparenz die Kontrolle seiner Arbeit durch andere. Mit rationalen Argumenten, die z. B. auf die Effektivität abzielen, wird Herr Schulz nicht zu überzeugen sein.

Eine Chance, ihn zu bewegen, hat man nur, wenn man auf seine Gefühle - also seine Ängste, Befürchtungen und seine Unlust, sich Neuem zu stellen - eingeht und ihm anbietet, ihn in dem bevorstehenden Veränderungsprozess zu unterstützen.

Viele Einstellungen und Handlungen der Menschen sind nicht allein rational begründet. Dadurch lassen sie sich oft nicht allein durch eine vernunftsorientierte Argumentationsweise ändern.

Adressatenbezogen argumentieren

Wenn Sie andere von Ihren Ideen überzeugen wollen, sollten Sie sich klar machen, dass andere nicht unbedingt durch die Argumente überzeugt werden, die für Sie persönlich wichtig und ausschlaggebend sind. Sie wollen jemand anderen über-

zeugen, also muss Ihre Argumentation vor allem adressaten-
bezogen sein, d. h. für Ihren Gesprächspartner

- von Interesse, plausibel und nachvollziehbar sein und
- deshalb das Denken, Fühlen, die Interessen und die Erfahrung des anderen berücksichtigen.

Arten von Argumenten

Die Wirkung von Argumenten hängt nicht nur davon ab, wie
stark sie sich auf den Adressaten beziehen. Es gibt verschiedene Formen von Argumenten, die jeweils auf unterschiedliche Weise wirken. Natürlich werden Sie in einem
Gespräch kaum von allen Möglichkeiten Gebrauch machen.
Die sinnvolle Auswahl hängt von Ihrem Gegenüber dem Thema und der Situation ab. Verschiedene Arten von Argumenten stellen wir Ihnen an einem Beispiel vor.

Erinnern Sie sich an das Gespräch, in dem der Projektmanager Bohr den Leiter der Versuchsstrecke, Herrn Pfeil, dazu
bringen möchte, sein Projekt bei den laufenden Tests vorzuziehen (siehe S. 13 ff.)? Im ersten Kapitel haben Sie gesehen,
was er dafür tun kann, eine solide Beziehungsbasis herzustellen. Zur Vorbereitung dieses Gesprächs gehört jedoch auch
die Vorbereitung einer guten Argumentation.

Fakten

Fakten sind beleg- und nachprüfbare Sachverhalte. Sprechen
die Fakten für Sie und können Sie das auch belegen, haben
Sie gute Karten. Dagegen ist kaum anzukommen.

Beispiel: Konsequenzen aufzeigen mit Schriftstücken

 Herr Bohr möchte, dass sein Projekt bei den Tests vorgezogen wird, damit er den zugesagten Kundentermin halten kann. Er dokumentiert zur Gesprächsvorbereitung, welche Konsequenzen eine Lieferverzögerung für die eigene Firma hätte (z. B. Vertragsstrafe) und nimmt entsprechende Schriftstücke als Beleg mit.

Vereinbarungen und Regeln

Sich auf Vereinbarungen und Regeln zu berufen, ist immer dann gut, wenn diese als solche anerkannt oder dokumentiert und gültig sind. Voraussetzung ist natürlich, dass sie auf den jeweiligen Fall auch zutreffen.

Beispiel: Betriebliche Regelungen

 Herr Bohr überprüft, ob es Vorschriften oder andere inhaltliche Festlegungen innerhalb der Firma gibt, die auf diesen Fall zutreffen könnten. Gibt es Regelungen bezüglich der Verbindlichkeit von Lieferterminen? Gibt es entsprechende Vereinbarungen zwischen der Entwicklungs- und der Versuchsabteilung? Gibt es mündliche Übereinkünfte? Wenn ja, zwischen wem?

Eigene oder gemeinsame Erfahrungen

Dass ältere Mitarbeiter oft über mehr Autorität verfügen als ihre jungen Kollegen, hat auch mit ihrem Erfahrungshintergrund zu tun. Erfahrungen sind in der Praxis gewonnene, wertvolle Erkenntnisse. Insofern werden Erfahrungen auch häufig als Argument eingesetzt. Vorteilhaft ist es, Erfahrungen anzusprechen, über die der andere auch verfügt, also gemeinsame Erfahrungen. Diese Argumente haben eine größere Wirksamkeit, wenn sie mit konkreten Beispielen verbunden sind.

Beispiel: Bisherige Erfolge

 Herr Bohr nimmt auf ein vergleichbares Projekt Bezug, bei dem Herr Pfeil sich flexibel und kooperativ gezeigt hat; einen Fall, bei dem sie Dank seines Handelns (z. B. Planung und Durchführung einer Nachtschicht, um die Teststrecke in der freien Zeit zu nutzen) zu einer guten Lösung und einem erfolgreichen Projektabschluss gekommen sind.

Beispiele

Beispiele haben den Vorteil, dass sie plastisch und eingängig sind, und werden deshalb häufig als Argument genutzt. Bei Beispielen kommt die Technik der Vereinzelung zum Einsatz: Sie können Ihren Gesprächspartner mit einem Beispiel dazu ermuntern, vom Einzelfall des geschilderten Beispiels auf das Allgemeine zu schließen und wieder zurückzuschließen auf den besprochenen Fall. Wichtige Voraussetzung für die Wirksamkeit ist natürlich, dass das Beispiel auch auf den konkreten Fall übertragbar ist.

Beispiel: Ein ähnlicher Fall

 Herr Bohr geht in seiner Gesprächsvorbereitung auf die Suche nach einem ähnlichen Fall, der erfolgreich gelöst wurde. Was hat die Testabteilung damals gemacht, um das zusätzliche Testvolumen zu schaffen? Welche Lösung haben sie gefunden? Findet er gute Beispiele, wird Herr Pfeil Schwierigkeiten haben zu sagen: „Das geht nicht, das ist nicht machbar."

Normen und Werte

In Diskussionen werden Normen und Werte immer wieder als Argumente verwendet. Diese Technik nutzt das Gegenteil der Vereinzelung: die Verallgemeinerung. Anscheinend allgemein gültige Normen werden herangezogen und auf den aktuellen Fall übertragen. Diese Form der Argumentation kann nur wirken, wenn sie auf Normen und Werten basiert, mit denen sich der Gesprächspartner verbunden fühlt.

Beispiel: Zuverlässigkeit als Norm

 Herr Bohr bringt das Argument: „Wir können uns es als schwäbische Firma, die für ihre Zuverlässigkeit bekannt ist, nicht leisten, bei einem so wichtigen Projekt als unzuverlässiger Zulieferer dazustehen." Herr Pfeil wird darauf nur dann in Herrn Bohrs Sinne reagieren, wenn er die Annahme akzeptiert, die diesem Argument zugrunde liegt, nämlich: „Es ist wichtig, dass unser Unternehmen nach außen hin als zuverlässig und pünktlich gilt. Jeder Einzelne sollte sich dafür verantwortlich fühlen und entsprechend handeln." Hat diese Norm bei ihm keine Bedeutung bzw. sind ihm andere Werte wichtiger (z. B. „Ich möchte, dass die Mitarbeiter meiner Abteilung nicht noch mehr Überstunden ansammeln."), wird ihn Herr Bohr damit nicht überzeugen.

Sich auf Personen und Institutionen berufen

Sie können sich mit einem Argument auch auf die Meinung anderer berufen. Die Wirkung dieses Arguments hängt jedoch sehr davon ab, inwieweit Ihr Gegenüber diese Person oder Institution als Autorität anerkennt. Fehlt die Akzeptanz oder wird der Person für diese Problemstellung die Kompetenz abgesprochen, hat das Argument keine Wirkung.

Beispiel: Die anerkannte Autorität

 Herr Bohr überlegt, welche Person bei Herrn Pfeil Ansehen genießt bzw. wen er als Autorität akzeptiert. Dann versucht er, zwischen dieser Person und von ihr vertretenen Positionen eine Verbindung zu dem aktuellen Problem herzustellen. Dies lässt er dann einfließen: „Ihr Chef hat in der letzten Abteilungsleitersitzung selbst noch einmal bekräftigt, dass die Kundenzufriedenheit für uns höchste Priorität hat. Da können wir in diesem Fall jetzt nicht einfach sagen, ‚Sorry, da können wir Ihnen auch nicht weiterhelfen.'"

Statistik heranziehen

Es gibt viele Menschen, die sich durch Zahlen überzeugen lassen, weil sie scheinbar objektiv und wissenschaftlich sind. Operiert jemand mit Zahlenmaterial aus einer Statistik, wirkt dies im ersten Moment sehr rational. Die Argumentation mit einer Statistik lässt sich jedoch in vielen Fällen sehr schnell entkräften, wenn man gezielt nach den Quellen fragt oder die Übertragbarkeit auf den konkreten Fall kritisch überprüft.

Beispiel: Zahlen zum Vergleich

 Denkt Herr Bohr, dass Herr Pfeil jemand ist, der auf Zahlen anspricht, könnte er beispielsweise ausgewertetes Material einer Studie zum Zusammenhang von Kundenzufriedenheit und Termintreue präsentieren.

Aufstellen von Prognosen

Prognosen beschreiben „Was passiert, wenn ..." und sind zukunftsorientiert. Die Prognose kann irgendwann eintreffen oder auch nicht – das ist die Schwäche dieser Form der Argumentation. Häufig sprechen Prognosen die Gefühle des Gesprächspartners an, seine Hoffnungen oder Befürchtungen, weshalb sie durchaus sehr wirksam sein können. Meist wird die Prognose in Diskussionen als Faktum dargestellt und nicht als das, was sie ist, nämlich eine subjektive Einschätzung dessen, was in Zukunft passieren wird.

Beispiel: Szenario

Herr Bohr entwirft ein Szenario, was passiert, wenn sie diesen Auftrag nicht termingerecht abwickeln: „Wenn wir bei diesem wichtigen Projekt den Termin nicht halten können, dann können wir Folgeaufträge vergessen. Dann können wir sehen, ob's überhaupt noch etwas für uns zu testen gibt. Dann lassen die das die Konkurrenz machen und dann ist das der nächste Großkunde, den wir verlieren."

Gefühle einbringen

Bei der Erforschung von Gefühlen und ihren Funktionen ist das bisherige Fazit von Wissenschaftlern aus verschiedenen naturwissenschaftlichen Disziplinen:

Gefühle waren und sind ein wichtiges Orientierungsmittel im Überlebenskampf und der Evolution der Menschen. Sie beziehen sich auf Erfahrungen und sind oft schneller und zuverlässiger als das Denken.

Gefühle sind ein hochsensibles Instrument zum Erkennen und Lösen von Problemen. Man spricht in diesem Zusammenhang auch von der „Intelligenz der Gefühle". Nicht zuletzt deshalb sind die eigenen Gefühle für Menschen immer wichtige Argumente, etwas zu tun oder zu lassen. Bei manchen Menschen – vor allem solchen, die in der Illusion leben, alles mit dem Verstand regeln zu können – werden Sie mit emotionalen Argumenten auf wenig Verständnis stoßen. Bei anderen werden sie jedoch sogar eine stärkere und nachhaltigere Wirkung haben als andere Argumente. Folglich entscheidet die Einschätzung Ihres Gesprächspartners über den Einsatz dieser Art von Argumenten.

Beispiel: Mit dem eigenen Gefühl argumentieren

 Herr Bohr empfindet starke Gefühle, wenn er an die Terminschwierigkeiten seines Projekts denkt. Er befürchtet, dass die Nicht-Einhaltung des Termins weitreichende Folgen für die Beziehung zum Kunden und die Vergabe von Folgeaufträgen hat. Er kann dies nicht belegen, es ist nur ein Gefühl, aber dieses Gefühl speist sich aus vielen Kontakten und Gesprächen mit dem Kunden und aus dem Wissen um die Konkurrenz auf diesem Gebiet. Es hält es für sinnvoll, Herrn Pfeil das starke Gefühl der Besorgnis im Laufe des Gesprächs nicht vorzuenthalten, da es sogar seine eigentliche Antriebskraft in diesem Fall ist.

Er sagt: „Herr Pfeil, ich bringe nicht gerne Ihre Planung durcheinander. Doch in diesem Fall kann ich nicht anders. An diesem Auftrag hängt wirklich viel. Und ich befürchte sehr, dass wir uns Folgeaufträge abschminken können, wenn wir schon bei unserer ersten Kooperation unzuverlässig sind. Ich möchte das unbedingt vermeiden und mit Ihnen besprechen, wie wir es hinkriegen können, dass wir die letzten Tests noch diese Woche absolvieren können, so dass wir das Produkt zum Termin freigeben können."

In diesem Plädoyer kommt Herrn Bohrs Gefühlslage zum Ausdruck, nämlich seine Sorge und sein Empfinden von Dringlichkeit. Gleichzeitig spricht er Herrn Pfeil als Partner und Verbündeten an, mit dessen Unterstützung er eine Lösung herbeiführen will.

Umgang mit den Argumenten anderer

Eine Grundvoraussetzung für die eigene Überzeugungskraft ist der Kontakt mit dem Gegenüber auf Augenhöhe. Aber natürlich entscheidet über den Erfolg der Argumentation auch, wie der Argumentierende mit den Argumenten der anderen umgeht.

So vermeiden Sie Konfrontation

- Wenn Sie mit Ihren Argumenten überzeugen möchten, ist es besser, dass Sie nicht bei jedem Argument des anderen widersprechen und beginnen, dessen Argumentation zu zerpflücken. Sie provozieren dadurch Widerstand und erreichen kaum einen Wandlungsprozess.

- Hören Sie zu und fragen Sie nach.

- Nutzen Sie die Paraphrase, um Ihr eigenes Verstehen zu sichern, und signalisieren Sie das auch.

- Stimmen Sie zu, wo Sie zustimmen können, und machen Sie Gemeinsamkeiten deutlich.

- Entkräften Sie Argumente des anderen erst, wenn Sie eine stabile Beziehung aufgebaut haben.

- Wenn Sie Argumente entkräften oder widerlegen, vermeiden Sie konfrontative Redewendungen. Formulieren Sie so verbindlich wie möglich und lassen Sie Ihrem Gegenüber die Würde auch dann, wenn er Fehler macht.

- Verzichten Sie auf persönliche Angriffe oder die Herabwürdigung des anderen.

- Vermeiden Sie eine Debatte um „richtig" oder „falsch", also ein Gespräch, das zwangsläufig einen der Gesprächsteilnehmer am Ende zum Gewinner bzw. Verlierer macht. Menschen, die sich als Verlierer einer Diskussion sehen, sind selten überzeugt, sondern haben vor der Wortmacht und Überlegenheit des anderen kapituliert. Das mag kurzfristig einen Triumph ermöglichen, hat jedoch nicht die positiven Langzeiteffekte des wirklichen Überzeugens und ist somit nicht effizient.

Beispiele: Den Konfrontationskurs vermeiden

Konfrontativ: „Das stimmt so nicht. Herr Müller hat gesagt, dass ..."

Alternative: „Hm, ich habe von Herrn Müller gehört, dass ..."

Konfrontativ: „Frau Falter, da muss ich Ihnen klar widersprechen. Die Erkenntnisse der Studie X ..."

Alternative: „Frau Falter, Sie sagen, dass sich die Investition in ein solches Projekt nicht lohnt. In der Studie X ist ein interessanter Beitrag zu diesem Thema. Demnach kann es sich durchaus lohnen, wenn bestimmte Bedingungen erfüllt sind."

Konfrontativ: „Wenn Sie mehr Erfahrung hätten, dann würden Sie jetzt nicht so reden."

Alternative: „Ich verstehe Ihre Argumente. Ich selbst arbeite ja auch schon recht lange in diesem Feld und da habe ich die Erfahrung gemacht ..."

Mit einer Paraphrase oder einer gezielten Frage nach weiteren Argumenten anstelle einer Konfrontation lässt sich ein Gespräch auch bei unterschiedlichen Auffassungen konstruktiv weiterführen.

Beispiel: Konstruktiv bleiben

 Konfrontativ: „Das ist doch Unsinn. Jeder weiß doch, dass..."

Alternative: „Sie haben gesagt, es macht keinen Sinn, Frau Meier noch einmal zu dieser Sache zu befragen. Wieso nicht?"

Zielorientiert agieren

Ob es sinnvoll ist, eine eher strittige Frage detailliert aufzuklären oder nicht, hängt sehr stark davon ab, wie Sie Ihr Ziel definiert haben. Klären Sie, was Sie zum Erreichen des Ziels wissen müssen. Streit über nebensächliche Dinge – häufig ein Ablenkungsmanöver der anderen Seite, um nicht zum Punkt kommen zu müssen – lohnt sich meist nicht.

Beispiele: Diskussionen über irrelevante Fragen abbrechen

 „Ich sehe, wir sind da unterschiedlicher Ansicht. Diese Sache brauchen wir meines Erachtens jetzt hier auch nicht endgültig zu klären. Mir ist allerdings wichtig, dass wir in der Frage X eine Lösung finden."

„Ich verstehe Ihren Ärger. Aber die Sache liegt in der Vergangenheit und ist im Moment hier von uns auch nicht zu ändern. Mich interessiert allerdings, mit Ihnen zu schauen, wie wir in Zukunft ..."

Persönlich formulieren

Persönlich formulieren bedeutet, deutlich zu machen, was man denkt, wozu man steht und wie die eigene Sicht der Dinge ist. Verstecken Sie sich nicht hinter verallgemeinernden und scheinbar allgemein gültigen Aussagen. Sie sollten als Person und Persönlichkeit mit Ihren Werten und Vorstellungen wahrnehmbar sein.

Die Vorteile von persönlichen Formulierungen

In Ihrem beruflichen Umfeld werden Sie jedoch viele Menschen treffen, die sich – bewusst oder oft auch unbewusst – einen unpersönlichen Stil angewöhnt haben. Manchmal sind dies Personen, die dadurch andere einschüchtern (wollen). Daneben gibt es solche, die Sachlichkeit und Kompetenz mit Unpersönlichkeit verwechseln.

Unpersönlich – oft ein Zeichen von Unsicherheit

Nicht selten gibt es Vorgesetzte, die sich in ihrer Führungsrolle nicht wirklich sicher fühlen. Sie verstecken sich und ihre Unsicherheit hinter allgemeinen Formulierungen und Bewertungen. Solche Menschen stehen oft nicht zu ihren Aussagen. Dies verhindert den Kontakt zum anderen und macht sie scheinbar unangreifbar, da sie durch ihre Formulierungen vorgeben, allgemeine Wahrheiten von sich zu geben. Vorgesetzte mit einem unpersönlichen Redestil wirken dabei oft ruppig, rigide und autoritär. Hinter dieser Rüstung sind sie jedoch oft wenig souverän und wirken nicht überzeugend.

Beispiel: Unpersönliche Aussage führt zu Irritation

 Frau Dr. Falter, Leiterin der Abteilung Forschung & Entwicklung, hat ihren Vorgesetzten um ein Gespräch gebeten, weil sie mit ihm eine neue Projektidee diskutieren möchte. Er springt nicht so recht darauf an und sagt zu ihr: „Man soll solche Prozesse nicht unnötig forcieren."

Dies ist eine unpersönlich formulierte Aussage, die nicht eindeutig ist. Wer sagt, dass man solche Prozesse nicht unnötig forcieren soll? Ist das seine Meinung? Oder sind es wissenschaftliche Erkenntnisse? Ist das die Meinung seines Großvaters? Ist es Unternehmensstrategie?

Unpersönliche Aussagen verwischen den Hintergrund und machen nicht deutlich, was der Gesprächspartner eigentlich denkt und will. Solche Aussagen zeigen nicht unbedingt Souveränität und Führungsstärke. Die Alternative ist, stärker persönlich zu formulieren.

Durch „Persönlichkeit" überzeugen

Beispiele: Persönliche Aussage schafft Klarheit

 „Meine Erfahrung mit den Pharma-Leuten hat mich dazu gebracht, eher erst mal abzuwarten und solche Prozesse nicht unnötig zu forcieren."

Oder: „Ich bin mir in diesem Fall nicht sicher, ob es sinnvoll ist, diesen Prozess zu forcieren. Ich befürchte, dass ..."

Je nachdem, was der Hintergrund für die Meinung des Vorgesetzten von Karin Falter ist, könnten die Alternativformulierungen ganz unterschiedlich ausfallen. Die persönliche Formulierung macht zwar genau wie die unpersönliche Aussage klar, dass er das Projekt nicht befürwortet. Sie macht aber auch deutlich, dass *er* es ist, der es nicht möchte und nicht irgendeine, nicht genannte höhere Instanz („man"). Die Mitarbeiterin bekommt einen plausiblen Hinweis, wodurch diese Meinung fundiert ist.

Persönliche Formulierungen fördern die sachliche, inhaltlich fundierte Auseinandersetzung zwischen Menschen. Es geht um die Auseinandersetzung mit der Sache, in der die Einzelnen Farbe bekennen sowie Hintergründe und Argumente auf den Tisch legen. Letztlich obliegt die Verantwortung ohnehin der Führungskraft, und auch nach dem gegenseitigen Austausch der Argumente kann sie in ihrem Sinne entscheiden.

Beispiel: Persönlich und konstruktiv formulieren

„Ihre Argumente haben durchaus etwas für sich und trotzdem bin ich in diesem Fall dafür, diesen Prozess nicht zu forcieren. Wir sollten erst einmal abwarten. Mein Vorschlag ist: Wir sehen mal, wie sich die Sache Ende der Woche entwickelt hat. Sollte das nicht in unserem Sinne sein, können wir immer noch eingreifen. Lassen Sie uns gleich einen Termin ausmachen."

Auch das Schlusswort für dieses Gespräch ist persönlich formuliert. Die Führungskraft steht als Person für die Entscheidung ein.

Eine unpersönlich formulierte Aussage am Ende der Diskussion wie: „Es macht keinen Sinn da einzugreifen" wäre weder gesprächs- noch beziehungsförderlich. Je nach Tonfall ist vielleicht die Autorität der Chef-Rolle zu spüren. Der Mitarbeiter merkt deutlich, er will nicht mehr darüber reden. Überzeugt ist er aber sicherlich nicht. Es mangelt bei einem solchen Ende an Klarheit, an Persönlichkeit, an Transparenz und der Möglichkeit, die Entscheidung nachzuvollziehen. Es ist eine pure Machtdemonstration, verbunden mit der Abwertung des Gegenübers, der anders denkt.

Persönlich formulieren – worauf kommt es an?

Unpersönliche Formulierungen sind natürlich nicht per se schlecht. Wenn sie aber eine Verschleierung von eigentlich persönlichen Ansichten sind, sind sie nicht gesprächsförderlich und schwächen die Wirkung des Sprechenden ab. Wenn Sie als souveräne Persönlichkeit für Ihre Sicht der Dinge einstehen wollen, sollten Sie folgende Tipps berücksichtigen.

Das Wörtchen „man"

Verzichten Sie auf den häufigen Gebrauch von „man" oder anderen verallgemeinernden Formulierungen. Sagen Sie „ich", wenn es Ihre Meinung oder Ihre Erfahrung ist. Eine starke Persönlichkeit braucht sich nicht hinter diffusen Formulierungen zu verstecken. Das Wörtchen „man" ist nicht tabu, aber es wird viel häufiger gebraucht als nötig.

Ich-Aussagen

Wenn Sie über andere sprechen, sollten Sie Ich-Formulierungen statt Du-Formulierungen verwenden. Sagen Sie also nicht: „Sie haben in letzter Zeit nicht sehr engagiert gearbeitet." So eine Aussage nennt man Du-Aussage – der

Sprechende schreibt dem anderen etwas zu. Besser ist es zu sagen: „Ich habe den Eindruck, dass Sie in letzter Zeit nicht mehr so engagiert gearbeitet haben." In dieser Aussage findet der andere Sie durch die Verwendung des Wortes „Ich" als Person wieder, deshalb nennt man es auch Ich-Aussage. Der inhaltliche Kern ist der gleiche, aber die erste Aussage stellt die eigene Beobachtung als Faktum dar. Die zweite Aussage stellt die Beobachtung als das dar, was sie ist: nämlich als Eindruck, den man gewonnen hat.

Vorsicht: So rufen Sie eine Verteidigungshaltung hervor

Die Du-Formulierung wird vom Gesprächspartner meist als frontaler Angriff erlebt und hat eine entsprechend heftige Verteidigung, oft auch Gegenangriffe oder Verleugnungen zur Folge. Die Ich-Formulierung lädt eher zum Gespräch ein, der andere steht nicht unmittelbar unter dem Druck, sich verteidigen zu müssen. Er kann an dem Eindruck anknüpfen, den der andere gewonnen hat und seine Sicht der Dinge darstellen.

Nutzen Sie gerade bei konfliktträchtigen Gesprächen Ich-Aussagen. Verzichten Sie möglichst auf unpersönliche Formulierungen und Du-Aussagen. So tragen Sie aktiv dazu bei, der Eskalation von Konflikten entgegenzuwirken.

Gespräche steuern durch Metakommunikation

Der Begriff Metakommunikation bezeichnet das Sprechen über die Kommunikation, über das, was gerade im Gespräch läuft, wie es läuft oder wie es laufen soll. Die Vorsilbe „met(a)" kommt aus dem Griechischen und bedeutet ungefähr „jenseits, über, oberhalb".

Auf einer anderen Ebene kommunizieren

Mit der Metakommunikation wird also die Gesprächsebene gewechselt und das Geschehen von außen oder oben betrachtet. Auf der Meta-Ebene kann man sich über die Beziehung der Gesprächsteilnehmer untereinander äußern, über das Thema, die Situation und die Gesprächsorganisation.

Die Beziehung klären

Die Beziehung zu Ihrem Gegenüber ist die Basis, auf der die anstehenden Themen und Probleme besprochen werden. Irritationen, Störungen, Unsicherheiten oder Ärger können die Bearbeitung der Sachthemen erheblich beeinträchtigen. Im Sinne der Sache ist es in solchen Fällen oft günstiger, Sie sprechen die Störung offen und frühzeitig an und sorgen für Klärung, um sich dann wieder konzentriert der Bearbeitung der Sachfragen zuwenden zu können.

Beispiele: Irritationen regulieren

„Ich erlebe Sie heute so zurückhaltend. Ist irgendetwas?"

„Herr Schmidt, ich finde Ihren Umgangston Frau Mai gegenüber nicht o. k. Ich möchte, dass wir das klären, ohne einzelne Kollegen persönlich anzugreifen."

„Es stört mich, wenn Sie mich immer wieder unterbrechen. Lassen Sie mich bitte ausreden."

> Metakommunikation ist ein gutes Mittel, Probleme oder Unsicherheiten in der Beziehung anzusprechen und zu klären.

Metakommunikation zur Beziehungsklärung ist aber nicht nur ein Mittel zum Thematisieren negativer Störungen, sondern kann – ganz im Gegenteil – auch der Ausdruck von Freude und Zufriedenheit sein.

Beispiele: Positive Rückmeldung

„Ich schätze die Klarheit, mit der Sie auch die heiklen Punkte ansprechen, Frau Hansen."

„Es macht mir richtig Spaß, mit Ihnen hier zusammen neue Ideen auszuhecken."

Die Situation klären

Metakommunikation ist ein gutes Instrument, um sich in diffusen Situationen Klarheit zu verschaffen. Sie sind als Person gleichzeitig auch Ihr eigenes Messinstrument für die Atmosphäre, den Verlauf und die gesamte Einschätzung der Situation. Wenn Sie merken, hier stimmt etwas nicht, überlegen Sie kurz, woran es vielleicht liegen könnte. In vielen Situationen ist es hilfreich, die eigene Wahrnehmung zu thematisieren. So können Sie sich orientieren, was Sache ist und gezielt darauf eingehen.

Beispiele: Eigene Eindrücke ansprechen

„Ich habe das Gefühl, Sie sind mit dieser Lösung nicht so ganz zufrieden. Stimmt das?"

„Habe ich Sie überrumpelt mit meinem Vorschlag?"

„Sie schauen so kritisch. Was halten Sie von der Sache?"

Den Gesprächsverlauf klären

Metakommunikation kann man in einem Gespräch oder einer Diskussion nutzen, um kurz aus der eigentlichen Themenbearbeitung auszusteigen und sich darüber zu verständigen, wie am Thema gearbeitet wird. Metakommunikation ist dann ein Mittel zur Klärung und zur Verständnissicherung: Reden wir über das Gleiche? Was gehört zum Thema dazu, was nicht? Wie zufrieden bin ich mit dem Verlauf der thematischen Diskussion? Aus diesen Rückmeldungen können Sie im Anschluss oft auch Konsequenzen für die Gesprächsorganisation ziehen. Es wird deutlich: Wie machen wir weiter? Was wäre jetzt günstig?

Beispiele: Worüber reden wir?

„Ich blicke überhaupt nicht mehr durch. Worüber reden wir eigentlich?"

„Herr Kurz, Sie reden die ganze Zeit über Differenzerfahrung, ich weiß gar nicht, was das in diesem Zusammenhang soll."

„Ich bin sehr zufrieden mit den Ergebnissen, die wir erarbeitet haben."

Das Gespräch organisieren

Metakommunikation ist das Mittel schlechthin, um den Ablauf von Gesprächen und Diskussionen zu beeinflussen und zu steuern. Vorschläge zum Vorgehen und Ablauf des Gesprächs sind metakommunikative Äußerungen, die den Verlauf des Gesprächs maßgeblich prägen.

Beispiele: Gespräche steuern

„Wir haben bisher ausschließlich über die Nachteile der neuen Vorgaben geredet. Ich fände gut, wenn wir in der Diskussion stärker berücksichtigen, welche Vorteile uns diese Verfahrensvorgaben bringen."

„Ich denke, das ist jetzt ausreichend geklärt und wir können zum nächsten Punkt gehen."

„Ich schlage vor, dass wir uns erst mit der Projektauswertung befassen und uns anschließend das neue Marketing-Konzept von Frau Seidel anschauen."

Der Körper redet mit

Nicht allein der Inhalt zählt! Ihr gesamtes Auftreten trägt entscheidend zur Wirkung Ihre Worte bei. Ihr Körper hat dabei ein gehöriges Wörtchen mitzureden.

In diesem Kapitel erfahren Sie,

- wie Ihre äußere Erscheinung auf Ihr Gegenüber wirkt (S. 74),
- wie die Signale Ihres Körpers interpretiert werden (S. 78),
- welche Wirkung Sie mit Ihrer Stimme erzielen (S. 90) und
- was männlicher und weiblicher Kommunikation gemeinsam ist (S. 98).

Die äußere Erscheinung

„Kleider machen Leute" sagt der Volksmund – und da ist nach wie vor etwas dran. Das Äußere, also auch die Kleidung, ist das Erste, was Sie wahrnehmen und Ihnen Orientierung gibt. Ihre Reaktion dem anderen gegenüber wird davon bestimmt, wie Sie ihn in diesen Bruchteilen von Sekunden einschätzen. Seit Millionen von Jahren gehört diese blitzschnelle Einschätzung des anderen zum überlebenswichtigen Standard-Programm: Freund oder Feind? Gefährlich oder nicht?

Der erste Eindruck prägt

Auch heute ist diese rasche Erstorientierung beim Kontakt mit anderen Menschen ein zumeist unbewusst ablaufendes Standardprogramm. Ob wir wollen oder nicht, bei jeder Begegnung überprüfen wir in wenigen Sekunden unseren ersten Eindruck, gleichen die Beobachtung mit unserem Erfahrungsschatz ab und reagieren entsprechend.

So können uns fremde Menschen auf den ersten Blick spontan sympathisch oder unsympathisch sein, weil wir Erfahrungen mit anderen, uns ähnlich erscheinenden Menschen auf den Kontakt mit diesen übertragen. Wir begegnen uns also gewöhnlich mit Vor-Urteilen, die wir im Laufe eines Kontakts abbauen oder bestätigen können.

Ihr Gegenüber reagiert folglich nie alleine auf das, was Sie sagen, sondern auf Sie als gesamte Person. Er überprüft an Ihrem Äußeren, wie er Sie einzuschätzen hat. Das können Sie in weiten Teilen gar nicht beeinflussen, weil dabei natürlich auch Faktoren wie Geschlecht, Hautfarbe, Größe, Statur, Physiognomie und das sichtbare Alter eine Rolle spielen.

Andere Elemente Ihres Äußeren können Sie sehr wohl beeinflussen und damit indirekt die Wirkung steuern, die Sie auf andere haben. Dazu gehören z. B. Kleidung, Frisur, Schmuck und andere Accessoires. Auch wenn Sie sich selbst bewusst keine Gedanken um solche „Äußerlichkeiten" machen, bewirken Sie damit etwas. Ihre Kleidung transportiert eine Botschaft, anhand derer andere Sie einer bestimmten Gruppe oder einem bestimmten Typus zuordnen.

Wie Sie Ihre Wirkung einschätzen und einsetzen

Es ist vorteilhaft, wenn Sie Ihre Wirkung auf andere Menschen bzw. Gruppen von Menschen einigermaßen zuverlässig einschätzen können. So verstehen Sie die Reaktionen, die Sie hervorrufen, besser und schneller und können entsprechend handeln. Sie können dann etwaigen Fehleinschätzungen in Bezug auf Ihre Person gezielt entgegenwirken. Nicht immer jedoch ist eine Fehleinschätzung von Nachteil für Sie. Wenn man Sie beispielsweise unterschätzt, können Sie diesen Vorteil auch nutzen.

Beispiel: Fehleinschätzung anderer nutzen

 Die junge Erbin einer großen deutschen Brauerei übernahm bei Antritt ihres Erbes auch die Geschäftsführung. Sie war Anfang 30, zierlich, hellblond und nach herkömmlichem Maßstab ausgesprochen attraktiv. Auf die Frage, ob sie es als Frau in diesem Job schwer habe, antwortete sie in einem Interview, nein, dies sei nicht der Fall. Im Gegenteil. Bei Verhandlungen erlebe sie regelmäßig, dass ihre männlichen Gesprächspartner sie unterschätzten, unvorsichtig und vertrauensseliger als normal seien, so dass sie durch ihr unbesonnenes Verhalten deutliche Informationsvorteile habe. Nachher seien sie dann immer ziemlich überrascht, wenn sie feststellen, wie knallhart sie ihre Interessen durchsetzt.

> Eine realistische Selbsteinschätzung in Bezug auf die eigene Wirkung ist eine große Hilfe in der Gesprächsführung, weil man sie dann entweder für sich nutzen oder ihr im negativen Fall gezielt entgegenwirken kann.

Kleidung als Eintrittskarte

In welchem Maß stellen wir die veränderbaren Anteile unserer Erscheinung in den Dienst unseres Gesprächsziels? In vielen beruflichen Feldern ist das ganz selbstverständlich. Consultants mit Kundenkontakt kleiden sich möglichst gut und korrekt. Ihre Seriosität und Vertrauenswürdigkeit und die ihrer Firma werden zunächst einmal über ihr Äußeres definiert. Eine bestimmte Art der Kleidung ist hier sozusagen Voraussetzung für den Einlass. Erst im vertieften Kontakt zählen Beziehungsfähigkeit und Kompetenz.

Wer mit Anzug, Hemd und Krawatte zur Teamsitzung eines Drogenberatungszentrums geht, um sich als neuer Mitarbeiter vorzustellen, wird jedoch erst einmal mit Widerstand und Vorurteilen zu tun haben, bis man sich evtl. auf ihn und seine Inhalte einlässt. Erinnern Sie sich, wie viele Jahre es gedauert hat, bis man nicht mehr in jedem Artikel Kommentare über Angela Merkels Frisur und Kleidung lesen musste, sondern es um die Inhalte ging, die sie vertritt?

Kleidung kann also Kommunikationsbarrieren auf- und abbauen. Ganz gleich, ob Sie sich dafür entscheiden, sich an die jeweilige Norm anzupassen oder nicht, Sie werden auf alle Fälle mit der entsprechenden Wirkung Ihrer Entscheidung zu tun haben.

Schätzen Sie Gesprächsbarrieren ein

Die Wahl der Kleidung und Ihre Gesamterscheinung haben Auswirkung darauf, wie Sie aufgenommen werden, wie leicht oder schwer es Ihnen fallen wird, schnell eine sachorientierte Beziehung aufzubauen. Anpassung kann dabei nicht immer eine Lösung sein. Lehrerinnen, die sich anziehen wie ihre Schülerinnen, stoßen dadurch nicht unbedingt auf höhere Akzeptanz. Hilfreich ist jedoch zu wissen, wann Ihr Aussehen oder Ihre Kleidung eine mögliche Barriere im Kontakt zu anderen darstellt. So können Sie im Vorfeld entscheiden, wie Sie mit dieser Problematik umgehen.

Checkliste: Aussehen/Kleidung

- Überlegen Sie vor einem wichtigen Gespräch, welche Wirkung Sie als Person vermutlich auf Ihr Gegenüber haben werden. Mit welchen Vorurteilen, Befürchtungen oder Pluspunkten können oder müssen Sie rechnen?

- Welche (ungeschriebene) Kleiderordnung gibt es im Umfeld Ihres Gesprächspartners? Wollen Sie sich daran anpassen? Wenn nicht, was hat dies evtl. für Folgen?

- Wenn Sie aus beruflichen Gründen Kleidung tragen müssen, die nicht Ihrer persönlichen Neigung entspricht, wählen Sie unter den gegebenen Möglichkeiten solche Kleidungsstücke, die noch am ehesten Ihrem eigenen Geschmack entsprechen. Wichtig ist, dass Sie sich auch in dieser zweckorientierten Kleidung so wohl wie möglich fühlen.

- Achten Sie – besonders als Frau – darauf, dass Sie sich in Ihrer Kleidung frei und sicher bewegen können. Mit hohen Absätzen, auf denen Sie keinen sicheren Halt haben, und in Röcken, die zu eng oder zu kurz sind, werden Sie schwerlich einen souveränen Eindruck machen.

- Kleidung und Schmuck können Signalwirkung haben. Überlegen Sie sich vorher, ob Ihr Äußeres Ihrem inhaltlichen Anliegen entspricht.

Was man sieht

Körpersprache ist nichts Zusätzliches, was zur eigentlichen sprachlichen Aussage als schmückende Beigabe hinzukommt. Der Körper spricht auch keine eigene Sprache, sondern die Kommunikation vollzieht sich mit dem ganzen Körper. Die Produktion von Lauten und Worten ist ein körperlicher Vorgang, wie auch das Verstehen ein sinnlicher und damit körperlicher Vorgang ist. Auch verarbeiten wir gesprochene Sprache und das, was wir dabei sehen, nicht getrennt.

Wie wir verstehen, was wir sehen und hören

Zum Verstehen werten wir alle wahrgenommenen Signale aus. Dabei läuft vieles unbewusst ab. Das heißt, wir nehmen etwas wahr, reagieren darauf, können aber gar nicht genau benennen, wie wir zu diesem Eindruck gekommen sind. Wir nehmen viele verschiedene Signale gleichzeitig auf und verarbeiten sie: den Blick, den Gesichtsausdruck, die Körperbewegungen, die Körperhaltung, die Worte selbst, den Stimmklang, die Sprechmelodie, die Betonung, das Tempo (mehr zum Thema „Was man hört" ab S. 90 ff.). Aus der Gesamtheit aller Signale konstruieren wir den Sinn des Gesagten, schätzen die Person und die Situation ein.

> Isoliert betrachtete Körpersignale haben keinen verlässlichen Aussagewert. Pauschale Zuordnungen wie „Vor dem Körper verschränkte Arme signalisieren Ablehnung" sind deshalb wissenschaftlich nicht haltbar.

Kann man Körpersprache richtig interpretieren?

Körpersprache lässt sich nicht 1:1 übersetzen, sondern sollte immer in Zusammenhang mit den anderen wahrgenommenen Eindrücken und im Kontext der jeweiligen Situation gesehen und beurteilt werden.

Beispiel: Verschränkte Arme

 Frau Meier unterhält sich mit ihrem Kollegen. Sie stehen sich schräg gegenüber. Frau Meier hat die Arme vor dem Körper verschränkt.

Standard-Interpretation in vielen Körpersprachebüchern für die Geste ‚Arme vor dem Körper verschränkt' ist: ‚Die Person bringt eine distanzierte Haltung zum Ausdruck.' Der Kollege müsste also schließen, sie will nicht mit ihm reden oder ist kritisch ihm gegenüber.

Es gibt für die Geste von Frau Meier allerdings noch mehr Deutungsmöglichkeiten: Es könnte sein, dass sie friert und deshalb die Arme verschränkt oder dass sie sich unsicher fühlt und dieses Gefühl durch das Sich-selbst-Festhalten etwas abgemildert wird. Es könnte sein, dass sie wütend ist und entschlossen Widerstand leistet. Vielleicht will sie tatsächlich auf Distanz gehen und sich von ihrem Gesprächspartner abgrenzen. Was auch immer es mit diesen verschränkten Armen auf sich hat, es lässt sich nur in der jeweiligen Gesprächssituation einigermaßen zuverlässig entschlüsseln, wenn alle anderen Hinweise auch berücksichtigt werden: Lächelt sie dabei? Was sagt sie? Wie schaut sie ihr Gegenüber an? Wie viel Spannung hat ihr Körper? Wie ist ihr Tonfall? Wie klingt ihre Stimme? Die Interpretation von Körpersprache ist also situationsabhängig.

Was aber kann man aus der Körpersprache eigentlich ablesen? Viele Menschen fragen hier nach, obwohl sie es selbst unentwegt tun: Sie nehmen die körperlichen Signale anderer wahr, verarbeiten diese und ziehen Rückschlüsse daraus. Diese Rückschlüsse basieren auf den Erfahrungen, die sie im Laufe ihres Lebens im Allgemeinen oder konkret mit dieser Person gemacht haben. Eine richtige oder auch falsche Interpretation kann es dabei genauso geben wie auf der sprachlichen Ebene auch. Die Frage, wann die Interpretation eines körpersprachlichen Ausdrucks „richtig" oder „falsch" ist, lässt sich aber nicht pauschal beantworten. Das kann nur aus der jeweiligen Situation mit dem jeweiligen Gegenüber erschlossen werden.

Der Körper als Ausdrucksmittel

Alles, was Ihr Gesprächspartner bei Ihnen sieht, gehört zu Ihren körpersprachlichen Ausdrucksmitteln. Sie nutzen diese täglich. Wie Sie stehen, wie Sie jemanden anschauen, wie Sie sich hinsetzen, wie viel Raum Sie einnehmen, wie klein oder breit Sie sich machen oder wie viel Spannung Ihr Körper ausdrückt. Dazu gehört auch, wie Sie mit Ihrem Gesichtsausdruck und Ihren Gesten das, was Sie sagen oder hören begleiten. Wie Sie Ihren Körper - meist unbewusst - als Instrument im Gespräch nutzen, hat durchaus Einfluss auf die Wirkung dessen, was Sie sagen.

Sich Gehör verschaffen

Beispiel: Zu wenig Wirkung

 Teambesprechung in der wenig hierarchisch orientierten Projektgruppe einer Multimedia-Agentur. Christa Selzer, anerkanntermaßen kompetent und erfahren in diesem Metier, ist unzufrieden mit dem bisherigen Verlauf des Projekts und möchte Änderungen in der Vorgehensweise vorschlagen. Die Sache ist ihr unangenehm, weil sie dadurch auch Kritik an Kollegen üben muss; andererseits ist es ihr so wichtig, dass sie es nicht so einfach weiterlaufen lassen will.

So bringt sie ihre Änderungsvorschläge ein, sachlich fundiert, konkret, inhaltlich verständlich. Sie spricht leise und schnell, versucht, niemanden direkt anzusehen, sitzt nach vorne gebeugt mit hängenden Schultern. Nachdem sie ihre Rede beendet, bleibt die Reaktion der Mitarbeiter aus. Kurz darauf diskutiert die Runde bereits über ein anderes Thema.

Warum ist Christa Selzer mit ihrem Anliegen „untergegangen"? Sie sprach relativ leise, vielleicht weil es ihr unangenehm war, als „Besserwisserin" aufzutreten. Sie suchte wenig Blickkontakt zu ihren Kollegen, weil sie niemandem Vorwürfe machen wollte. Da sie nicht aufgerichtet saß, erschien sie kleiner als sie ist. Ihr ganzes Auftreten wirkte deshalb zögerlich und entschuldigend. Der Ernst ihrer Kritik und ihres Anliegens wurde weder durch ihre Körperhaltung noch durch entsprechende Energie beim Sprechausdruck vermittelt. Bei den Kollegen entstand nicht der Eindruck von Relevanz.

> Mit ihren körpersprachlichen Ausdrucksmitteln signalisieren Sie anderen, wie Sie etwas verstanden haben wollen, wie wichtig Ihnen eine Sache ist, und wie Sie zu sich, den anderen und Ihrem Anliegen stehen.

Mehr Sicherheit durch Selbstklärung

Entsprechen Ihre körpersprachlichen Signale nicht Ihrem Anliegen, so schwächt dies die Wirkung sehr ab. Im Fall von Christa Selzer gab es zwei Botschaften. Die eine eher durch den Körperausdruck vermittelte: ‚Es ist mir unangenehm, Euch zu kritisieren. Am liebsten würde ich es gar nicht sagen.' Die andere, sprachliche: ‚Wir müssen etwas ändern.' Durchgesetzt in der Wahrnehmung der anderen hat sich die körpersprachliche Botschaft, entsprechend war die Reaktion. Man hat es überhört. Was können Sie dafür tun, dass Ihre Körpersprache Ihr Gesprächsanliegen unterstützt?

- Machen Sie sich ambivalente Gefühle in der Vorbereitung auf eine Situation klar. Benennen Sie die verschiedenen Stimmen.

- Überlegen Sie, ob und wie Sie in der Situation Ihren verschiedenen inneren Anteilen bewusst Ausdruck geben können. Was Sie in Worte fassen können, muss sich nicht über für Sie kaum steuerbare Kanäle seinen Weg suchen.

- Entwerfen Sie eine stimmige Formulierung, um Ihr Anliegen vorzubringen.

Beispiel: Ambivalenzen offen ansprechen

 Christa Selzer: „Wir sind schon so weit fortgeschritten mit dem Projekt. Aber ich muss doch noch mal was ganz Grundsätzliches mit euch besprechen. Mir ist das ziemlich unangenehm, weil es unseren Fahrplan durcheinander bringt. Ich halte es aber für so wesentlich, dass ich diese Diskussion mit euch führen möchte. Also der Ablaufentwurf von Marc ist ...“

Wenn Sie selbst in Diskussionen öfters überhört werden, ist es sinnvoll, genauer zu beobachten, welche Ausdrucksmuster Sie in der Regel zeigen (dazu mehr auf den folgenden Seiten). Warum fällt es den anderen so leicht, Sie zu überhören? Das Feedback anderer auf die eigene Wirkung kann hier ebenfalls sehr aufschlussreich sein und Entwicklungspotenziale aufzeigen.

Eigene Ausdrucksmöglichkeiten kennen und ausschöpfen

Bei der Erweiterung Ihrer Gesprächskompetenz wird es Ihnen helfen, wenn Sie Ihre eigenen Ausdrucksmuster kennen, möglicherweise hinderliche Gewohnheiten verändern und Ihr persönliches Repertoire optimal nutzen können.

Dabei geht es nicht darum, so zu sein oder zu sprechen wie jemand anderes, sondern die eigenen, individuellen Ausdrucksmöglichkeiten auszuschöpfen. Ein introvertierter, eher ruhiger Typ wird kaum stark expressive Gestik und Mimik nutzen, weil es seinem Wesen nicht entspricht. Er muss aber auch nicht monoton und regungslos vor sich hin sprechen, weil das seinem inhaltlichen Anliegen nicht dienlich ist.

Haltung zeigen

Der Eindruck, den andere von Ihnen gewinnen, wird maßgeblich von Ihrer Körperhaltung und der damit verbundenen Ausstrahlung mitbestimmt. Aufrecht oder eher gebeugt, steif oder locker, matt oder energiegeladen?

Die richtige Körperhaltung im Stehen und Sitzen

- Für das Sprechen ist eine lockere, aufrechte Körperhaltung ideal. Die Atmung kann dann ungehindert fließen und die Stimme hat mehr Resonanz. Ist der Oberkörper locker aufgerichtet, wirken Sie sicherer, als wenn Sie sich „klein" machen, den Rücken krümmen und die Schultern nach vorn fallen lassen.

- Im Sitzen können Sie diese Haltung am besten einnehmen, wenn das Becken aufgerichtet ist, also nicht nach hinten wegkippt. Sie haben mehr Halt und Sicherheit, wenn die Füße auf der Erde stehen. Setzen Sie sich richtig breit und schwer auf die Sitzfläche. Je stabiler der Sitz, umso lockerer und freier kann der Oberkörper agieren.

- Auch beim Stehen ist Stabilität wichtig. Füße etwa hüftbreit auseinander (Maßstab sind die Hüftknochen), lockere Knie und ein aufgerichteter Oberkörper (Schultern eher zurück) sind eine gute Ausgangshaltung fürs Sprechen.

Die richtige Spannung

Haltung und Körperspannung sind eng miteinander verbunden. Locker und aufgerichtet fühlen Sie sich sicherer, wirken souveräner und kommen mit Ihren Inhalten auch besser rüber. Eine mittlere Körperspannung, nicht relaxed, aber auch nicht überspannt, ist eine gute Arbeitshaltung im Gespräch. Ihr Kopf ist dann klarer und Ihre geistige Flexibilität größer.

- Nehmen Sie einen stabilen aufrechten Sitz oder Stand ein. Aufgerichtet kann der Körper sich am mühelosesten ausbalancieren und eine mittlere Spannung halten.

- Wissen Sie, dass Ihnen ein schwierlges Gespräch bcvorsteht, achten Sie darauf, dass Sie genügend lange ausatmen. Stress führt oft zu Hochatmung, also kurzem, flachem, häufigem Einatmen in den oberen Brustkorb. Dadurch steigt die Spannung im Körper. Langes Ausatmen hingegen entspannt und lockert.

- Nehmen Sie eine Haltung ein, in der Arme und Beine locker sein können. Festklammern an einem Gegenstand oder festes Verschränken von Armen oder Beinen erhöhen die Spannung im Körper.

- Wissen Sie, dass Sie zu Über- oder Unterspannung neigen, ist ein gezieltes Training zur Spannungsregulierung wie Progressive Muskelentspannung oder Autogenes Training hilfreich. Aber auch viele asiatische Disziplinen wie Yoga, Tai Chi und Qi Gong können Ihnen helfen.

Dem anderen in die Augen schauen

Blickkontakt ist in unserem Kulturkreis ein wichtiges Transportmittel für Inhalte und – beim Zuhören – ein Signal der Aufmerksamkeit.

Mit dem Blick wird das, was ich sage, adressiert. Die Intensität meiner Botschaft hängt also auch von meiner Fähigkeit zur visuellen Kontaktaufnahme ab. Blickkontakt heißt dabei nicht, dem anderen ununterbrochen in die Augen zu starren, sondern immer wieder mit Unterbrechungen den Augenkontakt zu suchen. Neigen Sie dazu, Blickkontakt zu meiden, können Sie auf andere distanziert, abweisend oder auch unsicher wirken. Das erschwert die Beziehung zu Ihrem Gesprächspartner und Sie bringen Ihre Worte um einen Teil ihrer Wirkung.

Wie viel Augenkontakt erlaubt und gewünscht ist, ist übrigens kulturell verschieden. Im asiatischen Kulturkreis z. B. wird der bei uns übliche, längere Blickkontakt als aggressiv und respektlos empfunden.

Mit Händen und Füßen – die Gestik

Gesten sind natürliche, redebegleitende und unterstützende Ausdrucksmittel. Ihr Gebrauch ist kulturgeprägt, aber auch innerhalb einer Kultur individuell verschieden. Temperamentvolle Menschen neigen dazu, mehr zu gestikulieren als eher ruhige Typen.

Mit den Händen sprechen

Menschen, die nur wenig oder gar nicht gestikulieren, neigen auch von der Betonung und Sprechmelodie her zu Monotonie. Tendenziell bilden sie kompliziertere Sätze, haben mehr Versprecher und bleiben häufiger stecken. Es fällt schwerer, ihnen für längere Zeit aufmerksam zuzuhören.

Der Einsatz von Gestik verbessert also den Sprechausdruck und damit die Verständlichkeit insgesamt. Mit Einsatz von Gestik ist nicht das Einüben bestimmter Gesten für bestimmte Redepassagen gemeint, sondern der natürliche Fluss von Gesten, der sich von selbst einstellt, wenn Sie sich sicher fühlen und jemandem etwas erklären oder erzählen. Je angespannter oder unsicherer Sie sind, desto sparsamer wird Ihre Gestik. Entsprechend wenig überzeugend sind Sie. Wie Sie das Ihnen eigene Ausdrucksrepertoire nutzen können?

- Für den natürlichen Einsatz von Gesten brauchen Sie ein gewisses Maß an innerer Sicherheit und körperlicher Lockerheit. Sorgen Sie also durch gute Vorbereitung für inhaltliche Sicherheit und bringen Sie Ihren Körper in eine lockere, aufgerichtete Grundhaltung.

- Halten Sie Ihre Hände eher auf Höhe der Körpermitte, damit diese für Gestik einsatzbereit sind – bei Gesprächen am Tisch also auf (statt unter) dem Tisch und bei Reden im Stehen in Höhe der Taille.

- Fesseln Sie sich nicht selbst, indem Sie die Hände ineinander verschränken, sich an etwas festhalten, die Hände in die Hosentaschen oder auf den Rücken verbannen.

> Der natürliche Gebrauch von Gestik unterstützt die sinnvolle Betonung beim Sprechen, hilft dem Zuhörenden, Inhalte nach ihrer Bedeutung zu gewichten und verstärkt Ihre persönliche Wirkung.

Mit Gestik Spannungen abbauen

Gestikulieren ist ein Mittel, beim Sprechen innere Spannungen auf natürliche Weise loszuwerden. Behindern Sie Arme und Hände, entlädt sich der Bewegungsdrang oft in andere Körperteile. Hier unterstützt er jedoch nicht unbedingt Ihre Rede, sondern lenkt eher davon ab, wie z. B. das Fußwippen, auf dem Stuhl Rutschen, das Herumgehen beim Reden oder das Herumspielen mit einem Gegenstand.

Was das Gesicht uns zeigt – die Mimik

Ihr Gesichtsausdruck gibt Ihrem Gegenüber Informationen darüber, wie er Sie, Ihre Haltung zu einer Sache oder Ihre Beziehung zu ihm einschätzen soll. Eine Vielzahl von Muskeln ermöglicht eine sehr differenzierte Ausdruckspalette, die Sie nur sehr bedingt steuern können. Mimik begleitet Ihr Denken und Fühlen unentwegt, sowohl beim Sprechen als auch beim

Zuhören. Sie werden im Gespräch die Worte niemals losgelöst von der Mimik einer Person interpretieren.

Stimmige Signale senden

Passen Mimik und Inhalt der Worte nicht zusammen, neigen Menschen dazu, dem körperlichen Ausdruck mehr Gewicht beizumessen als den Worten. Zu unterschiedlichen Signalen zwischen dem gesprochenen Wort und der Mimik bzw. der restlichen Körpersprache kommt es häufig, wenn man in Bezug auf eine Situation verschiedene Gefühle und Gedanken hat. Die unterdrückten Stimmen, die oft emotionalen Charakter haben, schleichen sich dann auf anderen Wegen in die Kommunikation ein und werden von einem aufmerksamen Gegenüber wahrgenommen.

Beispiel: Was will er wirklich sagen?

Michael Klose, Projektleiter in einem Verlag, hat ein Gespräch mit einer jungen Mitarbeiterin anberaumt. Zur Vorbereitung auf dieses Gespräch hatte sie den Auftrag sich zu überlegen, welche Aufgabenbereiche einer demnächst ausfallenden Kollegin sie übernehmen könne. Er fragt sie, was sie sich überlegt hat. Sie sagt, sie wisse nicht, was sie übernehmen könne. Herr Klose ist sehr ärgerlich und genervt, will aber als guter Chef sachlich bleiben. Von den Worten her gelingt ihm das. „Ja, also, wenn du selbst keine Vorstellungen hast, dann werde ich dir Aufgaben übertragen". Sein Gefühl des Ärgers ist jedoch so groß, dass es durch jeden körpersprachlichen Kanal dringt. Sein Gesicht ist hart und angespannt. Seine Betonung scharf, das Sprechtempo schnell. Seine Erregung ist so deutlich sicht- und spürbar, dass sie neben den harmlosen, offensichtlich kapitulierenden Worten nicht verständlich und zudem bedrohlich ist.

Gefühle in Worte fassen

Wenn Sie starke Gefühle in einer Gesprächssituation empfinden, ignorieren Sie diese nicht. Benennen Sie diese Gefühle
und überlegen Sie, ob es in dieser Situation möglich und
verantwortbar ist, sie in Worte zu fassen. Herr Klose hätte in
diesem Fall sagen können:

Beispiel: Klare Verhältnisse

> „Martina, ich hatte dir einen klaren Auftrag gegeben. Du solltest
> Vorschläge für Arbeitsfelder machen, die du übernimmst. Du
> kommst jetzt und sagst, ich habe keine Vorschläge. Das ärgert
> mich sehr."

Die Mimik und der sachliche Inhalt der Worte wären dann
stimmig. Martina wüsste genau, worum es geht und wäre
gezwungen, sich mit dem Inhalt des Ärgers auseinander zu
setzen, statt ihn nur diffus zu spüren. Außerdem nimmt
durch die Äußerung der Gefühle auch der innere Druck beim
Sprechenden selbst ab. Die Chance, mit dem anderen konstruktiv eine Lösung zu erarbeiten und nicht in ein autoritä-
res Schema zu verfallen, ist dann deutlich größer.

Was man hört

Nicht nur, was Sie sagen, sondern auch wie Sie es sagen, ist
für Ihren Gesprächspartner aufschlussreich. Er kann daraus
schließen, wie Sie etwas meinen: Behaupten Sie etwas oder
fragen Sie, sind Sie Ihrer Sache sicher oder zweifeln Sie, ist es
Ihnen wichtig oder nicht. Ausflüchte wie „Was regst du dich
denn so auf, ich hab doch nur gesagt ...." beziehen sich nur

auf den Wortlaut. Doch manchmal ist es gar nicht der Wortlaut, der die Provokation auslöst, sondern die Art, wie es gesagt wird. Wie heißt es so schön? Der Ton macht die Musik. Die Betonung, die Lautstärke, das Tempo – all das beeinflusst die Verständlichkeit und die Wirkung dessen, was Sie sagen. Ihnen stehen dabei vielfältige hörbare Ausdrucksmittel zur Verfügung.

Wie Ihre Stimme wirkt

Durch die Stimme werden Ihre Worte erst hörbar. Sie ist Medium und Ausdrucksmittel gleichermaßen. Ist sie leise, wird man Schwierigkeiten haben, Sie zu verstehen. Ist sie angespannt oder zu hoch, kann man Sie zwar verstehen, aber es ist auf Dauer anstrengend, Ihnen zuzuhören.

So können Sie den Stimmklang verbessern

Den besten Klang hat die Stimme, wenn Sie in Ihrer Indifferenzlage sprechen. Das ist der Tonbereich, in dem man mit einem Minimum an Aufwand den vollsten Klang erzielt. Die Indifferenzlage liegt meist in der Nähe des Tons, den Sie produzieren, wenn Sie jemandem zuhören und als Signal Verstehenslaute wie „hm" oder „aha" von sich geben. Dauerhaftes höheres oder tieferes Sprechen strengt Sie und auch Ihre Zuhörer an. Was Sie für die Verbesserung Ihres Stimmklangs tun können:

- Grundsätzlich klingt Ihre Stimme besser, wenn Sie aufrecht und locker sitzen oder stehen. Achten Sie also auf eine entsprechende Körperhaltung.

- Versuchen Sie, ein Gefühl für das Sprechen in Ihrer Indifferenzlage zu bekommen. Übungsweise können Sie Folgendes ausprobieren: Das Telefon klingelt, Sie nehmen noch nicht ab, produzieren mehrmals ein entspanntes, lockeres „hm", als wollten Sie jemandem beim Zuhören Verstehen signalisieren. Dann melden Sie sich ausgehend von dieser Tonlage.

- Die Stimme hat mehr Resonanz, wenn der Mund- und Halsraum locker und geweitet sind. Großzügige Kaubewegungen (auch ohne etwas zu essen), gähnen, Zunge herausstrecken sind Übungen, die diesen Raum erweitern.

- Menschen, die eher leise sprechen, sollten besonders auf eine exakte Artikulation achten. Mangelnde Stimmkraft lässt sich in einem gewissen Maß durch eine deutlichere Artikulation ausgleichen.

Klar und deutlich – die Artikulation

Ein wichtiger und entscheidender Teil für die Verständlichkeit und Wirkung von Worten ist die Artikulation. Wie bilden Sie die Laute, Wörter und Sätze? Kann man Sie gut verstehen oder nuscheln Sie vor sich hin? Ist der Kiefer locker genug, dass sich der Stimmklang auch entfalten kann oder kriegen Sie die Zähne nicht auseinander? Müssen Ihre Gesprächspartner oft nachfragen?

Doch auch wenn andere nicht nachfragen, gut verständlich artikulierte Worte vereinfachen den Hör- und Verstehensprozess. Die Menschen können sich mit den Inhalten des Gesagten auseinander setzen und bleiben nicht auf der Ebene des Entschlüsselns – was hat er gesagt? – stehen.

Wenn Sie Laute oder Endsilben verschlucken, haben Sie hier ein gutes Übungsfeld, die Verständlichkeit und damit auch die Wirkung Ihrer Worte zu erhöhen.

Die Melodie beim Sprechen

Die Melodieführung beim Sprechen gibt Ihrem Gegenüber wichtige Hinweise zum Entschlüsseln des Sinns Ihrer Sätze. Sie geben durch die Tonhöhen-Veränderung Hinweise, wie Sie zu verstehen sind. Ist ein Gedanke zu Ende, dann gehen Sie mit der Stimme herunter; wollen Sie weitersprechen, bleiben Sie mit der Stimme in der Schwebe. Auch ob Sie etwas als sicher ansehen, fragen oder zweifelnd sind, machen Sie durch die Melodieführung deutlich, dann gehen Sie mit der Stimme am Satzende nach oben. Ein und der gleiche Satz hat eine unterschiedliche Bedeutung, je nachdem, ob Sie am Ende die Stimme senken oder heben.

Beispiel: Die Sprechmelodie variieren

„Herr Pfeil ist im Büro"

Sprechen Sie diesen Satz so, dass das „o" von Büro stimmlich am höchsten ist, weiß jeder, dass dieser Satz fragend gemeint ist (Herr Pfeil ist im Büro?). Sprechen Sie ihn so, dass das „o" stimmlich die tiefste Stelle des Satzes ist, hören andere diesen Satz als sichere Aussage.

Die Folgen irreführender Melodieführung

Wenn Sie Inhalte zwar eindeutig und klar formulieren, am Satzende jedoch in einer schwebenden oder sogar fragenden Tonhöhe bleiben, transportieren Sie trotz eindeutiger Formulierung ungewollt den Zweifel an Ihrer eigenen Aussage.

Auch Personen, die sehr schnell sprechen oder aufgeregt sind, neigen dazu, die Stimme am Satzende nicht zu senken.

Diese nicht sinngemäße Melodieführung hat Auswirkungen: Die Zuhörer verlieren ein wichtiges Orientierungsmerkmal zur Gliederung Ihrer Inhalte. Die Verständlichkeit lässt deutlich nach und damit auch die Chance, dass Ihr Gegenüber die Information angemessen verarbeitet. Vieles, was Sie sagen, geht dann einfach verloren. Außerdem ist es für den Zuhörer anstrengend, Menschen zuzuhören, die ihre Stimme am Satzende nicht senken. Sie machen zwangsläufig weniger Sprechpausen und werden zunehmend atemlos. Die Dauerspannung überträgt sich auf die Zuhörenden, die dies selten angenehm finden und im Zweifelsfalle zwischenzeitlich „abschalten" und nicht mehr hinhören. Wie können Sie das vermeiden?

- Senken Sie am Ende eines Aussage-Satzes die Stimme.

- Produzieren Sie kürzere, überschaubare Sätze. Die sind leichter sinnvoll zu betonen und abzuschließen.

- Machen Sie kurze Sprechpausen zwischen aufeinander folgenden Aussagen, Informationen und Argumenten.

- Lassen Sie in der Sprechpause den Kiefer locker, so dass die Lippen ganz leicht geöffnet sind. Das entspannt Mundraum, Kehlkopf und Zwerchfell.

Die richtige Lautstärke

Die Lautstärke Ihrer Redebeiträge richtet sich gewöhnlich nach der jeweiligen Situation. Wollen Sie im Gottesdienst Ihrem Nachbarn etwas unauffällig mitteilen, werden Sie sich wahrscheinlich zum Flüstern entschließen. In einem Rock-konzert müssen Sie schon brüllen. Es geht also in der Kom-munikation um eine für den Raum, den Inhalt, die Personen-zahl und die Situation angemessene Lautstärke.

Zu leises Sprechen

Manche Menschen sprechen gewohnheitsmäßig leise und damit – je nach Situation – nicht in der angemessenen Laut-stärke. Dies ist für die Zuhörenden sehr anstrengend. Sie müssen sich beim akustischen Verstehen so bemühen, dass sie sich entsprechend weniger auf die Inhalte konzentrieren können. Hinzu kommt, dass eine leise Stimme oft als ein Mangel an Selbstsicherheit gedeutet wird. Dies kann die Wirkung der Beiträge negativ beeinflussen. Es wird Ihnen leichter fallen, gehört zu werden, wenn Sie die Hinweise zum Stimmklang (s. S. 91 f.) berücksichtigen. Das Sprechen mit einer der Situation angemessenen Lautstärke sollte Sie dabei nicht anstrengen, sondern mühelos gehen.

Wie wichtig Betonung ist

Beim Reden variieren wir die Lautstärke und können damit einzelne Wörter, Sätze und Satzteile besonders hervorheben. Umgangssprachlich nennt man dies Betonung, in der Fach-sprache redet man von „dynamischem Akzent".

Beispiel: Die Betonung verändert die Bedeutung

„Herr Pfeil ist heute im Büro." Je nachdem, welches Wort Sie in diesem Satz betonen, bekommt er eine andere Bedeutungsnuance. „*Herr* Pfeil ist heute im Büro" – also Herr Pfeil und nicht Frau Pfeil.

„Herr *Pfeil* ist heute im Büro" – also Herr Pfeil und nicht Herr Selzer.

„Herr Pfeil ist *heute* im Büro" – also er ist heute im Büro, nicht morgen.

„Herr Pfeil ist heute im *Büro*" – also er ist im Büro, nicht beim Kunden.

Somit ist die Betonung ein wichtiges Merkmal der Sinnvermittlung. Monotones, gleichförmiges Sprechen erschwert die Sinnerfassung. Mit dynamischen Akzenten steuern Sie, wie Sie Ihre Worte verstanden wissen wollen.

Das richtige Sprechtempo

Es gibt kein grundsätzlich richtiges Sprechtempo. Ziel ist, dass Ihr Gegenüber Sie versteht und die Information gut verarbeiten kann. Dies hängt natürlich auch von Ihrem Gesprächspartner und seiner Vertrautheit mit dem jeweiligen Thema ab. Wenn Sie sich auf den anderen wirklich einlassen, werden Sie Ihr Tempo intuitiv auf die andere Person und ihre Verarbeitungskapazität einstellen. Sind Sie sehr mit sich beschäftigt oder halten wenig Blickkontakt, ist dies natürlich schlecht möglich.

Wie Sie das Tempo reduzieren können

Der Eindruck von Tempo entsteht durch zwei Faktoren. Zum einen durch die Anzahl von Silben, die Sie pro Minute produzieren, und zum anderen durch die Sprechpausen. Gehören Sie zu den „Schnellsprechern", macht es wenig Sinn, sich darauf zu konzentrieren, langsamer zu reden. Sie werden dabei nur verkrampfen und verlieren inhaltlich Ihren „roten

Faden". Versuchen Sie eher, sich auf Ihren Gesprächspartner einzulassen. Beobachten Sie, ob und wie er die Informationen verarbeitet und legen Sie Pausen ein. Die Pausen geben Ihnen die Gelegenheit nachzudenken und kurz zu entspannen, während der andere die Informationen verstehen und verarbeiten kann.

Sprechpausen machen neugierig

Schnelles, pausenloses oder pausenarmes Sprechen führt dazu, dass ein nicht unerheblicher Teil Ihrer Aussagen gar nicht aufgenommen wird. Ihr Gegenüber kann Ihnen geistig nicht mehr folgen. Sollen Ihre Worte wirken, müssen Sie anderen Zeit lassen, sie zu begreifen. Dafür sind Pausen da – am Satzende, nach gedanklichen Abschnitten, vor besonders wichtigen Worten. Mit Pausen können Sie auch bestimmte Worte oder Passagen hervorheben und Spannung erzeugen.

Beispiel: Die Aufmerksamkeit steigern

„Sag mal Gabi, möchtest du   [Pause] ..."

Legen Sie nach dem „du" eine Pause ein, wächst die Spannung und damit die Aufmerksamkeit der Angesprochenen. „Möchte ich was? Was kommt jetzt? Warum so langsam? Ist es was Besonderes?" Das fragt sich Gabi sicher nicht bewusst; nur die Wirkung dieser Pause erfolgt blitzschnell in Form von Spannung und Neugierde.

Also auch mit dem Variieren des Sprechtempos und dem gezielten Einsatz von Pausen können Sie die Wirkung Ihrer Worte ein Stück weit steuern. Sinngemäße Variationen im Sprechausdruck erhöhen dabei nicht nur die Verständlichkeit, sondern gestalten auch das Zuhören angenehmer.

Was tun bei Stimm- und Sprechproblemen?

Grundsätzlich sollte Sprechen mühelos sein. Wenn Sie nach längerem Sprechen Beschwerden haben, sich oft räuspern müssen oder heiser werden, kann dies ein Hinweis auf einen falschen Gebrauch der Stimme sein. Wenn Sie sich dadurch beeinträchtigt fühlen, sollten Sie sich an einen auf Stimme spezialisierten HNO-Arzt (Phoniater) wenden, der Sie bei entsprechender Diagnose an eine Logopädin weiter verweisen wird, die mit Ihnen an der Entwicklung eines ökonomischen Stimmgebrauchs arbeiten wird.

Sind Sie organisch beschwerdefrei, aber unzufrieden mit

- dem Klang Ihrer Stimme (z. B. zu leise, zu schrill, zu hoch),
- Ihrer Artikulation (undeutlich, stark dialektgefärbt) oder
- dem Gebrauch Ihrer sprecherischen Ausdrucksmittel (z. B. monotones, zu schnelles oder wirkungsarmes Sprechen),

dann sind Sie bei der Deutschen Gesellschaft für Sprechwissenschaft und Sprecherziehung (www.dgss.de) an der richtigen Adresse. Sie verfügt über einen Pool von Spezialisten für Stimme und Sprechen.

Männer und Frauen

Was hat das Thema Männer und Frauen in dem Kapitel „Der Körper redet mit" zu suchen? Männliche und weibliche Identität bezieht sich ja nicht allein auf die Körperlichkeit und wird auch nicht nur körperlich wahrgenommen. Bestseller mit Titeln wie etwa „Warum Männer nicht zuhören und Frauen schlecht einparken" suggerieren jedoch, dass es einen biologischen Zusammenhang zwischen bestimmten Fähigkeiten und dem Geschlecht geben muss. Dies könnte man auch im Bereich der Kommunikation vermuten.

Kommunizieren Männer und Frauen anders?

Ähnlich wie mit dem Zuhören und dem Einparken verhält es sich auch mit der Kommunikation. Man kann vielleicht geschlechtstypische Tendenzen beobachten, also Verhaltensmuster, die Männer häufiger zeigen als Frauen und umgekehrt. Eine bestimmte kommunikative Verhaltensweise, die nur bei Männern oder Frauen auftritt, gibt es jedoch nicht.

Typisch Mann – typisch Frau?

Man erklärt sich diese Beobachtungen folgendermaßen: Es gibt einen Pool von kommunikativen Verhaltensweisen und Gesprächstechniken, aus dem sich Männer wie Frauen gleichermaßen bedienen können. Trotz gleicher Möglichkeiten gibt es tendenzielle Vorlieben von Männern und Frauen, sich aus diesem Pool zu bedienen. Demnach lächeln Frauen häufiger im Gespräch, schwächen sichere Aussagen durch einen fragenden Tonfall wieder ab, geben häufiger und deutlicher Signale, dass sie zuhören und kümmern sich mehr darum, dass das Gespräch am Laufen bleibt.

Bei Männern hingegen wird z. B. ein gewisses Dominanzstreben beobachtet, offensiveres Verhalten und damit verbunden auch mehr Durchsetzungswille im Gespräch, intensiverer Blickkontakt, das Einnehmen von mehr Raum etc.

Kommunikation und soziale Rolle

Offensichtlich ist allerdings auch, dass sich viele Männer und Frauen anders verhalten, als es von ihnen in diesem Kontext vermutet wird. Wir beobachten einfühlsame Männer und auch dominant auftretende Frauen. Es lässt sich ebenfalls beobachten, dass das Kommunikationsverhalten stark von der sozialen Rolle abhängt, in der man im Gespräch agiert.

Die gesellschaftliche Prägung

So ist die Ähnlichkeit zwischen Männern und Frauen in ähnlichen sozialen Rollen, z. B. in Führungspositionen, größer als die Ähnlichkeit zwischen ihnen und Angehörigen des gleichen Geschlechts, die eine gänzlich andere soziale Rolle ausfüllen. Demnach ähneln sich ein Abteilungsleiter und eine Abteilungsleiterin in ihrem Kommunikationsverhalten und im Gebrauch von Gesprächstechniken stärker als ein Abteilungsleiter und ein Gabelstaplerfahrer.

Der kulturelle Hintergrund

Neuere interkulturelle Untersuchungen belegen, dass der gesellschaftliche Einfluss auf das Kommunikationsverhalten größer ist, als der der Geschlechtszugehörigkeit. Demnach können die Ähnlichkeiten zwischen Männern und Frauen einer Kultur größer sein als die zwischen den Frauen bzw. Männern zweier verschiedener Kulturen. Was das menschliche Kommunikationsverhalten angeht, scheint das biologische Geschlecht also keine entscheidende Rolle zu spielen. Die neueren Forschungsergebnisse machen deutlich:

> Kommunikation ist erlernt und nicht primär vom biologischen Geschlecht abhängig. Kultur und Gesellschaft haben hingegen entscheidenden Einfluss auf die Entwicklung kommunikativer Kompetenzen.

Kommunikation im Beruf

Beide Geschlechter haben heute durch die sozialen und kulturellen Veränderungen in unserer Gesellschaft eine große Bandbreite an Entfaltungs- und Wahlmöglichkeiten. Dies betrifft natürlich auch den Beruf. Grundsätzlich stehen in unserem Kulturkreis Männern wie Frauen alle Berufe offen. Dies hat Folgen.

Die Anforderungen steigen

In immer mehr Berufen wird erwartet, dass Männer und Frauen verschiedenste kommunikative Verhaltensweisen und Gesprächstechniken anwenden können. Maßstab ist dabei nicht das biologische Geschlecht, sondern der Anspruch des Jobs und der jeweiligen Situation. Die Frage, nach der sich die Auswahl der Gesprächstechniken richtet, ist: Was muss oder will ich in dieser Situation erreichen, und welche kommunikativen Verhaltensweisen helfen mir dabei?

In der Regel müssen Sie heute in anspruchsvollen Berufen über kommunikative Fähigkeiten aus beiden – ehemals mehr den Männern oder den Frauen zugeschriebenen – Registern verfügen: Sie müssen

- zuhören, sich einfühlen, auf andere einstellen können und auch in der Lage sein, sich durchzusetzen;

- souverän auftreten, präsentieren, aber auch Kritik annehmen, Fehler eingestehen, nachgeben können;

- etwas durchsetzen, delegieren, etwas einfordern und auch motivieren, aufbauen und beraten können;

- für Ihre Sache einstehen und Konflikte austragen, jedoch auch Kompromisse aushandeln und Konflikte konstruktiv lösen können.

Checkliste: Kommunikation im Beruf

- Der Vielfalt von Herausforderungen können Sie nur gerecht werden, wenn Sie alle Möglichkeiten der Gesprächsgestaltung nutzen und nicht unbewusst in alten, geschlechtstypischen Verhaltensmustern verharren.

- Die Reduzierung auf ein „typisch" weibliches oder männliches Register schränkt Ihre kommunikative Kompetenz sehr ein. Sie werden in bestimmten Redesituationen gut und erfolgreich sein, in anderen weit unter Ihren Möglichkeiten bleiben.

- Erlernte, situativ ungünstige Verhaltensweisen in der Kommunikation sind veränderbar. Ihr Repertoire an Gesprächstechniken können Sie gezielt erweitern.

- Frauen wie Männer können in dieser Hinsicht gut voneinander lernen.

S.O.S. – Umgang mit schwierigen Situationen

Vor problematischen Gesprächen und heiklen Situationen ist niemand gefeit.

In diesem Kapitel lesen Sie, wie Sie

- bei Missverständnissen verfahren (S. 105),
- mit Gefühlsausbrüchen umgehen (S. 110) und
- auf Provokationen reagieren (S. 119).

Strategien für problematische Gespräche

Als aufmerksamer Leser, aufmerksame Leserin ist Ihnen sicher klar geworden, dass es für komplexe Kommunikationssituationen keine allgemein gültigen Rezepte gibt. Bei der Bewältigung schwieriger Situationen im Gespräch sind Sie immer als gesamte Person gefragt. Und zwar mit

- Ihrer sinnlichen Wahrnehmung von Stimmungen und Signalen des anderen,
- Ihrer Selbstwahrnehmung und Ihrer Fähigkeit, sich Ihre Gefühle, Empfindungen und Gedanken auch bewusst zu machen,
- Ihrem Wissen über wesentliche Zusammenhänge in Gesprächsprozessen und mögliche Störungsursachen,
- Ihren reflektierten Erfahrungen mit unterschiedlichsten Situationen und Menschen,
- Ihrem Wissen über Ihre eigene Wirkung, Ihre Schwächen und Stärken,
- Ihrer Analysefähigkeit,
- Ihrer Fähigkeit, in schwierigen Situationen verschiedene Handlungsmöglichkeiten zu erkennen und gezielt auszuwählen.

Ein Fußballer übt einzelne Techniken lange und intensiv, damit er sie sicher beherrscht. Wesentlich für seinen Erfolg ist jedoch auch, dass er im Spiel blitzschnell entscheiden kann, welche Technik er in dieser Situation anwendet, ob er den Ball besser abgeben oder selbst schießen, rechts oder links am Gegner vorbei laufen oder stehen bleiben soll. Dafür gibt es kein Rezept. Aufmerksame, kreative und flexible Spieler, die außerdem über eine gute Technik verfügen, sind dabei klar im Vorteil.

Gleiches gilt für die Kommunikation. Ein guter Fundus von Gesprächstechniken, Flexibilität und ein gutes Gefühl für die Situation helfen Ihnen, auch in schwierigen Situationen sicher zu handeln. Die folgenden Situationsbeispiele geben Ihnen Anregungen, wie Sie mit problematischen Situationen umgehen können. Es sind keine allgemein übertragbaren Verhaltensmuster, sondern Vorschläge und Möglichkeiten für die Anwendung verschiedener Gesprächstechniken.

Ganz normal: Missverständnisse

Friedemann Schulz von Thun hat an einem einfachen Modell zu erklären versucht, warum es so häufig und auch leicht zu Missverständnissen kommt. Warum werden manche Aussagen ganz anders verstanden, als sie eigentlich gemeint waren? Diese Erfahrung haben Sie sicher schon mehr als einmal in Ihrem Leben gemacht. Gerne heißt es dann: „Er hat es in den falschen Hals bekommen."

Nach Schulz von Thun könnte man auch sagen: „Er hat es ins falsche Ohr bekommen." Seine heute weitgehend akzeptierte These lautet, dass man mit allem, was man sagt, auf verschiedenen Ebenen Botschaften und Informationen sendet.

Diese Botschaften sind nicht immer bewusst, haben aber Einfluss auf den Gesprächspartner. Meistens sind die Botschaften nicht direkt den Worten selbst zu entnehmen, sondern der Art, wie gesprochen wird, wie jemand blickt, sich bewegt und verhält, während er spricht.

> Kommunikation findet nicht nur mit Worten statt, sondern mit allen den Menschen zur Verfügung stehenden Ausdrucksmitteln.

Eine Aussage – vier Botschaften

Auch bei der folgenden Mini-Kommunikation schwingen – wie in jeder Äußerung – potenziell vier verschiedenen Ebenen Botschaften mit.

Beispiel: Was sagt er alles mit diesem einen Satz?

 Ein Vorgesetzter sagt zu seiner Mitarbeiterin: „Das hier muss bis 12 Uhr kopiert werden" und legt einen Stapel Papier auf ihren Schreibtisch.

Die Ebene des Sachinhalts

Worüber wird informiert, worum geht es eigentlich? In diesem Fall darum, dass es Unterlagen gibt, die aus irgendeinem Grund bis 12 Uhr kopiert werden müssen.

Die Ebene der Beziehung

Wie sage ich jemandem etwas, was halte ich von dem anderen und wie stehe ich zu ihm? Der Tonfall, die Wortwahl, der Blick, die Geste bringen dies zum Ausdruck. In diesem Fall ist es so, dass der Vorgesetzte seiner Mitarbeiterin etwas hinlegen kann, ohne genauer zu definieren, wer hier welche Aufgaben hat. Auch ein höfliches „Bitte" hält er für unnötig. Trotzdem geht er davon aus, dass passiert, was er sich vorstellt. Mit Angaben zum Tonfall ließe sich eine Aussage darüber treffen, wie der Vorgesetzte die Beziehung zu seiner Mitarbeiterin einschätzt. Wie hat er den Satz gesagt? Achtlos, bestimmend, gehetzt, im Vorbeigehen oder freundlich? Auch ein in der Wortwahl neutraler Satz kann (muss aber nicht) eine negative Beziehungsbotschaft beinhalten.

Die Ebene der Selbstkundgabe

Was sage ich, wie sage ich etwas, wie schaue ich dabei, wie klingt die Stimme? Mein ganzes Auftreten ist für mein Gegenüber eine Botschaft, die er (oft unbewusst) aufnimmt und verarbeitet. In unserem Beispiel: Läuft der Chef gehetzt durchs Sekretariat und wirft im Vorbeigehen die Unterlagen auf den Tisch, schaut eher unzufrieden, so wäre die mitgesandte Botschaft in diesem Fall vielleicht „Mensch, ich hab heute unheimlich viel um die Ohren". Legt er aber die Sachen hin (auch wie man etwas hinlegt, sagt etwas aus) und sagt den Satz in einem wichtigtuerischem Tonfall, so könnte die Botschaft sein: „Ich genieße es Chef zu sein. Höflichkeit hab ich nicht nötig, hier bestimme ich!"

> Im Gespräch macht man nicht nur seine Einschätzung der Beziehung zu seinem Gegenüber deutlich, sondern teilt auch immer – gewollt oder ungewollt – etwas über sich selbst mit.

Die Ebene des Appells

Oft wird auf eine Äußerung hin etwas erwartet. Manchmal nur eine Antwort auf das, was man sagt. Oft ist es jedoch auch eine Handlung, und zwar ohne, dass dies explizit ausgesprochen wurde, wie in unserem Beispiel. Der Appell lautet: „Kopieren Sie diese Unterlagen bis 12 Uhr" oder vielleicht auch „Sorgen Sie dafür, dass diese Unterlagen bis 12 kopiert sind". Da der Chef den Appell nicht offen ausdrückt, sondern nur als Botschaft mitschwingt, ist nicht klar, wer was genau tun soll. Solche versteckten Appelle sind im beruflichen und privaten Umfeld häufig der Ausgangspunkt von Missverständnissen und Konflikten, denn sie sind mehrdeutig, und manche hören den Appellcharakter einer Aussage gar nicht.

Eine Aussage – vier Möglichkeiten, sie zu verstehen

Wie kommt es nun zu Missverständnissen? Es ist nicht nur so, dass jede Äußerung Botschaften auf vier verschiedenen Ebenen transportiert. Der Angesprochene kann die Aussage auch auf verschiedenen Ebenen hören und verarbeiten. Wenn Sie eine aus Ihrer Sicht sachliche Information geben und der andere beleidigt reagiert, dann ist es unwahrscheinlich, dass die andere Person Ihre Äußerung auf der Sachebene oder, wie Schulz von Thun sagt, über das „Sachohr" aufgenommen und weiterverarbeitet hat. Gewöhnlich reagiert der Gesprächspartner auf die Botschaft, die er am stärksten wahrnimmt. Das hat zum einen etwas mit den jeweiligen Hörgewohnheiten zu tun, zum anderen aber auch mit Erfahrungen und gewissen Empfindlichkeiten. Jeder ist bei bestimmten Menschen in Bezug auf manche Botschaften einfach etwas „hellhöriger", so dass ein Außenstehender, der die Vorgeschichte nicht kennt, oft nicht verstehen kann, was da gerade passiert: „Sie hat doch nur ... gesagt, warum geht er denn jetzt hoch wie eine Rakete?"

Checkliste: Umgang mit Missverständnissen

Wenn Sie merken, dass Ihr Gegenüber Sie anders verstanden hat, als Sie es beabsichtigt haben, beachten Sie folgendes:

- Bleiben Sie ruhig. Suchen Sie keinen Schuldigen. Missverständnisse und Kommunikation gehören zusammen wie Schwimmen und Wasserschlucken. Es kommt eben vor, oft unbeabsichtigt.

- Nehmen Sie das Missverständnis als Fakt hin und klären Sie die Ursachen. Das Vier-Seiten-einer-Nachricht-Modell von Schulz von Thun kann Ihnen dabei als Analysemittel hilfreich sein (s. S. 106 f.).

- Machen Sie deutlich, was Sie wirklich sagen wollten. Ist eine Sachbotschaft im „Beziehungsohr" gelandet, machen Sie den Sachaspekt noch einmal deutlich.

- Verzichten Sie dabei auf Anschuldigungen wie „Sie haben mich falsch verstanden". Besser: „Ich glaube, da gab es ein Missverständnis. Ich meinte ..." oder „Vielleicht habe ich mich nicht klar ausgedrückt, ich wollte Folgendes deutlich machen: ..."

- Meist ist es leichter, wenn Sie das Missverständnis auf Ihre Kappe nehmen. Es ist oft müßig zu klären, woran es lag. Versuchen Sie den Inhalt zu klären und so das Gespräch wieder auf Ihr eigentliches Ziel zu konzentrieren.

- Kommt es zwischen Ihnen und einer Person häufiger zu Missverständnissen, ist Metakommunikation angebracht. Suchen Sie nach einer Gelegenheit für ein Gespräch über Ihre Kommunikation und eventuelle Probleme (s. S. 69 ff.).

Heftige Gefühle

Heftige Gefühle sind nicht per se eine Schwierigkeit. Im Gegenteil, sie können beflügeln und beglücken. Im beruflichen Umfeld werden starke Gefühle bei sich oder anderen jedoch häufig als bedrohlich empfunden. Oft handelt es sich hier auch nicht um beglückende Gefühle, sondern eher um Ärger, Wut, Enttäuschung, Angst oder Traurigkeit. Ob schwierig oder nicht, Sie können in der Situation ja nicht weglaufen, sondern müssen in irgendeiner Weise agieren. Gefühle geben oft sehr gute Hinweise für das, was wirklich los ist, was wichtig ist. So kann man sie auch als Orientierungshilfe und Impulsgeber für Handlungen nutzen, wenn man sie rechtzeitig wahrnimmt und berücksichtigt.

Hinweis: Im TaschenGuide „Emotionale Intelligenz" können Sie mehr über den enormen Einfluss von Gefühlen im Berufsleben lesen.

Ärger und Wut

Emotionen wie Ärger und Wut sind vitale, heftige Gefühle, die sich nicht nach Belieben in Schach halten oder unterdrücken lassen. Deshalb werden auch Appelle an die Vernunft in „akuten" Fällen wenig nützen Bei allem Bemühen um Sachlichkeit werden sich diese Gefühle in irgendeiner Weise Raum verschaffen.

Wenn Sie Ärger in sich aufsteigen fühlen

- Versuchen Sie, das Gefühl frühzeitig wahrzunehmen und sich bewusst zu machen, wo es herrührt. Ist es der Inhalt dessen, was gesagt wurde? Oder die Art, wie es gesagt wurde?

- Fühlen Sie sich angegriffen? Überprüfen Sie, ob der andere Sie tatsächlich angreifen wollte oder ob Sie seine Worte in den falschen Hals bekommen haben, z. B. mit einer Paraphrase.

Beispiel: Negativen Gefühlen auf den Grund gehen

 „Ich möchte etwas für mich klären: Habe ich Sie richtig verstanden, dass Sie mit meiner Arbeitsweise nicht zufrieden sind?"

- Beruht Ihr Unmut nicht auf einem Missverständnis, sprechen Sie das, worüber Sie sich ärgern zu einem Zeitpunkt an, zu dem Sie noch fair mit dem anderen reden können. Sagen Sie, dass Sie sich ärgern und worüber. Verzichten Sie dabei auf direkte Anschuldigungen. Beschreiben Sie aus Ihrer Sicht, was vorgefallen ist und welche Wirkung das auf Sie hat.

Beispiel: Mit Emotionen offen umgehen

Nicht: „Sie lügen! Sie wissen ganz genau, dass ...", sondern:

„Sie haben gerade gesagt, Sie hätten nie eine Info dazu bekommen. Das ärgert mich jetzt wirklich. Das Protokoll mit den Terminen ist an jeden gegangen und zusätzlich habe ich alle im Verteiler – und damit auch Sie – zweimal per Mail auf diesen Termin hingewiesen. Ich möchte ..."

- Nutzen Sie Ihren Ärger konstruktiv. Arbeiten Sie auf eine Lösung des Problems hin, die für Sie akzeptabel ist. Beschimpfungen und Vorwürfe nutzen Ihnen nicht. Agieren Sie zukunfts- und zielorientiert: Was soll in Zukunft anders sein? Was wollen Sie? Setzen Sie sich dafür ein.

> Es kann sein, dass jemand Sie durch sein Verhalten verärgert, ohne es zu merken. Machen Sie ihn darauf aufmerksam, und erklären Sie, was Sie stört und warum. Andere können nicht wissen, an welchen Punkten Sie empfindlich reagieren.

Wenn Sie negative Emotionen bei anderen wahrnehmen

- Ist jemand richtig wütend, lassen Sie ihn sich erst einmal abreagieren. Lassen Sie ihn reden. Unterbrechen Sie ihn erst einmal nicht.

- Zeigen Sie, dass Sie zuhören und versuchen Sie, die Situation zu verstehen. Eventuell können Sie auch kurze Passagen paraphrasieren, damit Ihr Gesprächspartner merkt, dass Sie den Sachverhalt verstehen.

Beispiele: Verstehen signalisieren durch Paraphrase

„Die Lieferung ist also nicht am 17. gekommen?"
„Hm, das Teil ist also defekt."

- Wenn jemand noch steht, bieten Sie ihm einen Platz an.
- Sagen Sie nicht: „Beruhigen Sie sich doch" oder „Seien Sie doch bitte sachlich". Im Zweifelsfall wird es dadurch noch schlimmer. Die andere Person will sich ja nicht beruhigen, sondern ihrem Ärger Ausdruck verleihen, gehört und verstanden werden.
- Bei akuter Wut nutzen Argumente, Widerspruch und gut gemeinte Ratschläge nichts. Also sparen Sie sich die inhaltliche Diskussion für einen späteren Zeitpunkt auf. Es geht jetzt darum, zuzuhören und zu verstehen.
- Wenn Sie sich selbst angegriffen fühlen, hören Sie stark die Beziehungsebene der Aussage. Versuchen Sie, die andere Person auch auf der Selbstkundgabe-Ebene zu sehen. Also fragen Sie sich: Was hat sie? Warum regt sie sich so auf? Was ist passiert, dass sie sich so benimmt?
- Werden Sie direkt beleidigt und verletzend angegriffen, verbitten Sie sich das sehr bestimmt, wenn Sie es nicht dulden können oder wollen. Macht die Person weiter, brechen Sie das Gespräch ebenso bestimmt ab.

Beispiele: Persönliche Angriffe abwehren

„Herr Schmidt, ich werde gerne mit Ihnen über diese Angelegenheit reden und versuchen, das zu klären. Aber ich bitte Sie ausdrücklich, mich nicht weiterhin persönlich zu beleidigen."

„Es tut mir Leid, Herr Schmidt. Unter diesen Bedingungen bin ich nicht bereit, das Gespräch weiterzuführen. Bitte kommen Sie wieder, wenn Sie mit mir sachlich über diese Angelegenheit reden können."

Das Gespräch auf eine sachliche Ebene bringen

Hatte der andere die Gelegenheit, seinen Ärger herauszulassen, ohne dass Sie ihn durch Widerspruch oder Ratschläge weiter provoziert haben, nimmt die Erregung in der Regel nach kurzer Zeit ab. Wo es Ihnen möglich ist, äußern Sie Verständnis zu einzelnen Punkten.

Beispiele: Verständnis signalisieren

„Ich kann verstehen, dass Sie das in eine ganz unangenehme Situation gebracht hat. Das tut mir Leid."

„Ja, das ist wirklich sehr ärgerlich."

Jetzt können Sie beginnen, die Angelegenheit auch inhaltlich zu klären und mit dem anderen nach Lösungen zu suchen.

Kommt nicht eine Person zu Ihnen, die bereits sehr ärgerlich ist, sondern spüren Sie beim anderen den Ärger erst während eines Gesprächs mit Ihnen aufsteigen, versuchen Sie ihn dazu zu bringen, sein Gefühl in Worte zu fassen. Dann haben Sie Klarheit und können angemessen reagieren.

Beispiele: Negative Gefühle ansprechen

„Frau Sommer, ich habe den Eindruck, etwas stört Sie an meinen Vorschlägen."

„Sie wirken verstimmt. Ist irgend etwas nicht in Ordnung?"

Enttäuschung, Verletzung und Traurigkeit

Heftige Gefühle wie Enttäuschung oder Traurigkeit lassen sich gerade in einem langfristig zusammenarbeitenden Team nicht vermeiden. Eine Mitarbeiterin, deren Beurteilung nicht gut ausgefallen ist, ein Azubi, der die Prüfung nicht bestanden hat, der Kollege, der nicht befördert wurde, die Sekretärin, die wegen einer abfälligen Bemerkung gekränkt ist – die Bandbreite ist hier groß.

Auch im Dienstleistungsbereich können Sie mit emotional betroffenen Menschen zu tun haben: Antragsteller bei Behörden, die einen negativen Bescheid bekommen, Beratungssuchende, Patienten und deren Angehörige. Im Grunde werden alle, die mit Menschen arbeiten, mit solchen Situationen konfrontiert.

Emotionen akzeptieren

Auch in diesen Situationen sollten Sie nicht versuchen, die Gefühle zu ignorieren, wegzureden oder durch Argumente, Ratschläge und Informationen zu ersticken.

- Lassen Sie dem anderen Raum, sich auszudrücken. Vielen verschafft das Reden über ein Problem Linderung.

- Versuchen Sie, die andere Person zu verstehen und machen Sie Ihr Verständnis deutlich.

- Wenn es für Sie stimmig ist, drücken Sie Ihr Bedauern und Mitgefühl aus.

- Wenn Sie beim anderen starke Gefühle wahrnehmen, die Sie in dem Zusammenhang nicht verstehen oder einordnen können, sprechen Sie ihn darauf an.

Beispiel: Gefühle offen ansprechen

„Frau Meier, Sie wirken sehr betroffen. Was ist mit Ihnen?"
„Dirk, du seufzt so, was hast du?"

- Wenn Ihr Verhalten oder das, was Sie gesagt haben, der Anlass für die Enttäuschung war, begründen Sie Ihr Vorgehen, wenn der andere seinen ersten Frust zum Ausdruck gebracht hat. Machen Sie deutlich, dass sich Ihre Kritik auf einzelne Verhaltensweisen oder Fähigkeiten beschränkt. Die Wertschätzung der Person bleibt bestehen und sollte noch einmal deutlich gemacht werden.

Beispiel: Kritik und Wertschätzung

„Frau Meisner, ich möchte das noch einmal deutlich machen: Meine Kritik bezog sich auf Ihren Umgang mit Zeit. Ich schätze Sie als Mitarbeiterin und ich bin froh, dass ich Sie in der Abteilung habe. Sie denken mit und ich kann mich auf Sie verlassen. Das ist mir sehr wichtig. Ich denke, dass wir bezüglich der zeitlichen Regelung einen Modus finden werden, der für uns beide akzeptabel ist."

- Sollten Sie jemanden verletzt haben, drücken Sie Ihr Bedauern aus. Sie müssen jedoch den Inhalt nicht zurücknehmen, wenn Sie nach wie vor davon überzeugt sind, dass er richtig und wichtig war.

Beispiel: Für Verletzung Bedauern ausdrücken

„Es tut mir Leid, Herr Schmidt, dass ich Sie mit meiner Kritik verletzt habe. Ich musste das Thema aber ansprechen, weil mir dieser Punkt in unserer Zusammenarbeit sehr wichtig ist."

- Wenn jemand während des Gesprächs weint, nehmen Sie es als selbstverständlich hin wie jede andere Gefühlsregung auch. Weinen ist Ausdruck eines Gefühls, wie auch Lachen. Wenn Sie das Gefühl Ihres Gegenübers akzeptieren und ihm Raum lassen können, wird Peinlichkeit nicht aufkommen oder schnell verfliegen.

- Bagatellisieren Sie das Problem nicht durch Trost und flotte Sprüche wie „Ach, das wird schon wieder", „Ist doch alles halb so schlimm".

- Bieten Sie in einer fortgeschrittenen Gesprächsphase Hilfe an, wenn Sie können und möchten.

Sind Sie selbst die von Enttäuschung, Traurigkeit oder Kränkung betroffene Person, entspannen Sie die Lage, wenn Sie den Grund thematisieren und für den anderen verständlich machen.

Befürchtungen und Ängste

Befürchtungen und Ängste wirken oft blockierend. Sie können das Entstehen von echten Beziehungen verhindern, die Umsetzung guter Ideen bremsen, den offenen Austausch von Meinungen verhindern oder konstruktive Auseinandersetzungen hemmen. Deswegen ist es aus sachlichen Gründen sinnvoll, Ängste ernst zu nehmen, zu thematisieren und, wenn möglich, abzubauen. Sinnvoll ist es jedoch nicht immer, denn Ängste sind natürlich auch ein Schutz, ein Warnsystem. Sie bewahren uns davor, zu große Risiken einzugehen und uns in Gefahr zu begeben. Sie sollten also je nach Situation entscheiden, ob die Angst sachlich begründet ist oder Chancen und Entwicklungsmöglichkeiten verbaut.

Ängste ernst nehmen

Wirkt jemand im Gespräch ängstlich und scheu, verwenden Sie ausreichend Zeit für den Beziehungsaufbau. Reden Sie auch von sich persönlich, zeigen Sie etwas von sich als Mensch, so dass Ihr Gegenüber ein Gefühl für Sie bekommt und sein Angstsystem eher Entwarnung geben kann.

Wenn Sie bei Ihrem Gegenüber Ängste oder Befürchtungen bezüglich eines Themas wahrnehmen, das er selbst von sich aus nicht anspricht, fragen Sie gezielt danach. Nur was auf den Tisch kommt, kann auch behandelt werden. Nur wenn Sie wissen, was ihn hindert, können Sie auch Lösungen finden, die seine Bedenken berücksichtigen.

Beispiel: Befürchtungen thematisieren

 „Ich habe den Eindruck, Sie wollen da nicht richtig dran. Dieses Projekt bietet Ihnen enorme Möglichkeiten, sich in unserem Unternehmen zu positionieren. Was befürchten Sie, Herr Vogt? Was lässt Sie so zögern?"

Beachten Sie auch Ihre eigenen Ängste und Bedenken. Überprüfen Sie, ob sie in der Situation berechtigt und adäquat sind oder ob Ihr Alarmsystem überreagiert und nach einem Muster verfährt, das jetzt nicht sinnvoll ist. Entscheiden Sie bewusst, lassen Sie nicht die Angst allein entscheiden.

Persönliche Angriffe

Wenn jemand Sie persönlich angreift, herabwürdigt oder provoziert, kann dies unterschiedlichste Gründe haben. Welche evtl. zutreffen, werden Sie am ehesten aus der Situation selbst erschließen können: Was ging dem voraus? Welchen Eindruck macht Ihr Gegenüber?

Mit dieser analytischen Herangehensweise sind Sie auf dem richtigen Weg. Instinktiv neigen wir jedoch eher dazu, wenn wir angegriffen werden, uns getroffen zu fühlen und entsprechend heftig zu reagieren.

Auf Provokationen souverän reagieren

Persönliche Angriffe haben nicht die sachliche Auseinandersetzung zum Ziel, sondern die andere Person. Sie sprechen die Beziehungsebene an und werden in der Regel vom anderen dort auch aufgenommen und verarbeitet. Entweder wir packen daraufhin auch unsere Waffen aus oder wir lassen uns so einschüchtern, dass der andere leichtes Spiel mit uns hat. Sie haben aber auch andere Möglichkeiten.

Das können Sie gedanklich tun

- Lassen Sie sich nicht treffen. Wenn Sie jemand persönlich angreift, nehmen Sie die Beziehungsbotschaft wahr, lassen ihr aber in Ihrem Inneren nicht ungehinderten Entfaltungsraum.

- Gehen Sie innerlich auf die Meta-Ebene. Schauen Sie sich das Gespräch kurz aus der Distanz an. Analysieren Sie die Situation und die anderen Ebenen der Kommunikation. Selbstkundgabe: Warum verhält sich Ihr Gegenüber so? Was sagt er über sich damit aus? Sachebene: Was ging inhaltlich voraus? Appell: Was will er?

- Versuchen Sie, das Motiv für sein Verhalten zu erkennen. Haben Sie ihn aus Versehen zuvor beleidigt? Gehen ihm die Argumente aus? Fühlt er sich bedrängt? Möchte er vom Thema ablenken? Möchte er Sie einschüchtern? Möchte er Streit, um damit ein konstruktives Gespräch samt Lösung zu verhindern? Ist er vielleicht auch einfach nur unbedacht und weiß wenig über die eigene Wirkung?

- Behalten Sie Ihr Ziel im Auge. Wenn jemand unsachlich wird und Sie angreift, ist die Gefahr groß, dass Sie sich auf Streit einlassen. Das bringt Sie Ihrem Gesprächsziel jedoch nicht näher. Gelingt es jemandem, Sie zu ärgern, laufen Prozesse in Ihrem Körper ab, die Ihnen nicht helfen werden, klar zu denken, abzuwägen und Ihr Ziel zu verfolgen.

Also lassen Sie sich nicht provozieren und überprüfen stattdessen: Welche Reaktion nutzt meiner Sache? Handlungsleitend ist Ihr Gesprächsziel.

So reagieren Sie nach außen hin

Entscheiden Sie sich bewusst für ein Verhalten. Je nachdem, welches Motiv Sie vermuten und welche Möglichkeiten Sie in Ihrer sozialen Rolle haben, reagieren Sie anders. Entscheidend hierbei ist Ihre Einschätzung der Situation. Verlassen Sie sich auf Ihr Gefühl und Ihren analytischen Verstand. Kurzschlussreaktionen bringen Sie selten weiter.

- Bei Ablenkungsmanövern: Will jemand vom Thema ablenken oder Lösungen sabotieren, ignorieren Sie die Provokation und bleiben Sie sachlich am Thema. Passiert dies mehrmals hintereinander, sprechen Sie das Verhalten an, wenn es die Situation zulässt (in Abhängigkeitsverhältnissen ist Ihr aktiver Handlungsspielraum kleiner als in symmetrischen Gesprächen). Machen Sie unmissverständlich deutlich, dass Sie an einer gemeinsam erarbeiteten, sachorientierten Lösung interessiert sind.

Beispiel: Sachlichkeit und Fairness einfordern

„Frau Lenk, ich sehe, dass wir in der Sache Differenzen haben. Ich möchte daran gerne mit Ihnen arbeiten und bin mir auch sicher, dass wir eine tragbare Lösung finden können. Ich möchte mich aber über Inhalte mit Ihnen auseinander setzen. Sie haben mich jetzt mehrmals persönlich angegriffen. Diese Art der Auseinandersetzung gefällt mir nicht. Ich möchte eine faire Auseinandersetzung und eine für beide vernünftige Lösung."

- Bei Unterlegenheit des Gesprächspartners: Fühlt sich jemand durch Ihre inhaltliche oder rhetorische Stärke in die Defensive gedrängt, kann es leicht geschehen, dass er zu unlauteren Mitteln greift. Ignorieren Sie den Angriff und lenken Sie das Problem wieder auf die Sache. Wenden Sie sich der Interessenslage Ihres Gegenübers zu. Versuchen Sie, wieder eine stabile, konstruktive Beziehung aufzubauen. Einen Angriff ins Leere laufen lassen und sich wieder auf die Sache konzentrieren, nennt man auch „Verhandlungs-Judo". Sie gehen nicht gegen die Kraft des Gegners an, sondern weichen aus, um dann neu anzusetzen.

Beispiel: Einen Angriff ins Leere laufen lassen

 „Sie, Sie sind vielleicht gerade mal ein- bis zwei Jahre im Geschäft und denken, Sie hätten die Weisheit mit Löffeln gefressen, nur weil Sie vielleicht studiert haben. Sie haben doch keine Ahnung, wie so was läuft. Mit diesen Preisen brauchen wir denen gar nicht erst zu kommen." Reaktion: „Was könnten wir machen? Was schlagen Sie vor?"

- Bei Einschüchterungsversuchen: Bleiben Sie innerlich ruhig. Wahrscheinlich sind Sie in der Sache oder argumentativ so stark, dass Ihr Gesprächspartner sich nicht anders zu helfen weiß. Ignorieren Sie den Einschüchterungsversuch, bleiben Sie bei Ihrer Sache. Einschüchtern kann man Sie nur, wenn Sie es zulassen. Eleanor Roosevelt soll gesagt haben: „Niemand kann Ihnen ohne Ihre Zustimmung das Gefühl der Minderwertigkeit vermitteln." Allerdings haben Sie in asymmetrischen oder symmetrischen Beziehungen unterschiedlichen Handlungsspielraum. Wenn sich Ihr Chef mit Ihnen nicht sachlich und argumentativ auseinandersetzen möchte, so wird er das nicht tun müssen. Sie können ihn nicht dazu zwingen, sondern sich nur darum bemühen. In nicht-abhängigen Beziehungen, wie im folgenden Beispiel, können Sie den Einschüchterungsversuch ins Leere laufen lassen und auf der sachlichen Auseinandersetzung beharren. Einschüchterung ist in der Regel ein Versuch, Sie mundtot zu machen. In symmetrischen Beziehungen müssen Sie sich das nicht gefallen lassen.

Beispiel: Sich nicht einschüchtern lassen

 Eine Elternvertreterin stellt auf einer Schulkonferenz unliebsame Fragen nach dem Verbleib der Einnahmen aus dem Weihnachtsmarkterlös. Der Direktor versucht, sie vor dem Plenum bloßzustellen und dadurch einzuschüchtern, damit sie keine weiteren unbequemen Fragen stellt:

„Was, das wissen Sie nicht? Das kann ja wohl nicht Ihr Ernst sein! Das weiß doch jeder, der sich auch nur ein bisschen mit der Materie befasst hat." „Herr Schumann, es mag sein, dass jeder das hier weiß. Ich aber nicht. Ich möchte gerne wissen, wie hoch die Einnahmen im letzten Jahr waren und was damit geschehen ist."

Notfalls das Gespräch abbrechen

Ist ein konstruktives Gespräch trotz deutlich signalisierter Kooperationsbereitschaft Ihrerseits nicht möglich, beenden Sie das Gespräch nach einer entsprechenden Vorwarnung. Machen Sie deutlich, unter welchen Bedingungen Sie gesprächsbereit bereit sind und wo Ihre Grenzen liegen.

Beispiel: Das Gespräch beenden

 „Herr Beyer, ich sehe im Moment nicht, dass wir in dieser Sache weiterkommen. Ich möchte das Gespräch an dieser Stelle abbrechen und vorschlagen, dass jeder von uns die Sache noch mal durchdenkt. Ich bin gerne bereit, einen neuen Termin mit Ihnen auszumachen. Ich möchte dann auf alle Fälle auf eine konstruktive Weise mit Ihnen verhandeln. Aber im Moment sehe ich keinen Sinn darin, weiter miteinander zu reden."

Ausblick

Gespräche sind komplexe Prozesse mit vielen gleichzeitig wirkenden, veränderbaren Faktoren. Eine kurz hochgezogene Augenbraue, ein einziges falsches Wort, eine Unaufmerksamkeit in der Einschätzung des Gegenübers und schon ist alles komplett anders. Gesprächstechniken machen diese komplexen Prozesse nicht verlässlich regel- und steuerbar. Ihr bewusster Einsatz hilft Ihnen jedoch, sich in dieser Komplexität flexibel und zielorientiert zu verhalten.

Um Ihren aktiven Umgang mit Gesprächstechniken zu verbessern, brauchen Sie

- zum einen das entsprechende Know-how: Worauf kommt es an? Was muss ich berücksichtigen? Was kann ich wie beeinflussen? Dieser TaschenGuide gibt Ihnen dazu eine erste Orientierung.

- zum anderen Bewusstheit über Ihr Gesprächsverhalten und dessen Wirkung. Was tun Sie in welchen Situationen

und wie tun Sie es? Was löst dies bei anderen aus? Dies
können Sie nach dieser Lektüre gezielt bei sich beobachten.

- und last but not least brauchen Sie die Rückmeldung von
anderen. Wollen Sie sich gesprächstechnisch gezielt weiterentwickeln, ist die Unterstützung von Kommunikations-
Fachleuten in Seminaren und Coaching eine sinnvolle Er-
gänzung zur Lektüre.

Abschließend wünsche ich Ihnen viel Erfolg beim Gestalten
Ihrer Gespräche.

Ich wünsche Ihnen

- Lust am Üben und Verfeinern Ihrer Gesprächstechniken
und ausreichend Zeit Ihre Erfahrungen zu reflektieren;
- Kraft und Nerven, sich auf Ihre Mitmenschen einzulassen
und mit Ihnen tragfähige Lösungen zu finden;
- Vertrauen in sich selbst und ein gutes Gespür für das, was
Ihnen Kraft, Klarheit und Orientierung gibt;
- viel Erfolg beim Vertreten Ihrer Interessen und Vorstellungen.

Teil 2: Training Gesprächstechniken

Das ist Ihr Nutzen

Vieles wird entscheidend einfacher, wenn Sie wissen, was Sie schon können, was Ihnen leicht fällt und auf welche kommunikativen Fähigkeiten Sie sich verlassen können. Deshalb ziehen sich durch das gesamte Buch typenspezifische Hinweise, die Ihnen dazu dienen sollen, das, was Sie gut können, fest in Ihrem Bewusstsein zu verankern. Hier erhalten Sie auch Hinweise, wo Ihre Entwicklungsbereiche liegen könnten. Entsprechend werden die Übungen für Sie unterschiedliche Bedeutung haben.

Sich mit anderen Menschen zu verständigen hat eine interessante und vergnügliche Seite. Wenn Sie diese für sich entdecken, werden Sie bessere Gesprächsergebnisse erhalten und mehr Arbeitsfreude gewinnen. Manche Themen werden Ihnen mehr liegen als andere: Üben Sie auch das, was Ihnen weniger liegt, doch bearbeiten Sie die für Sie schwierigeren Themen in kleineren Schritten, zunächst nur die kleinstmögliche Übungseinheit; entwerfen Sie etwa eine Beispielformulierung, spielen Sie eine Situation im Kopf durch. Nutzen Sie für noch ungewohnte Verhaltensweisen unspektakuläre Alltagssituationen. Es ist leichter, sich da auszuprobieren, wo Sie nicht viel verlieren können, z. B. wenn Sie Kunde sind.

Berufliche Gespräche sicher zu führen lernen Sie dadurch, dass Sie es tun. Nutzen Sie deshalb in Ihrem beruflichen Alltag jede Möglichkeit, praktisch zu üben!

Test: Eigene kommunikative Stärken einschätzen

Schätzen Sie sich mit folgendem Test selbst ein und machen Sie sich damit klar,

- was Ihre Stärken in Gesprächen sind,
- welche Bereiche Sie weiterentwickeln wollen und
- wo beim Training mit diesem Buch Ihr Schwerpunkt liegen soll.

Greifen Sie auf Ihre Erfahrungen in beruflich veranlassten Gesprächen zurück: Erinnern Sie sich daran, was Ihnen in Gesprächen leicht fällt oder welche Art von Gesprächen Ihnen mühelos gelingt, erinnern Sie sich an die Ergebnisse, die Sie in Gesprächen unterschiedlicher Art erzielt haben und denken Sie auch an das, was Sie von anderen über Ihre Fähigkeit, Gespräche zu führen, gehört haben. Die Skalen zu den einzelnen Aussagen für Ihre Selbsteinschätzung reichen von 0 bis 10, dabei bedeutet 0 „trifft überhaupt nicht zu" und 10 „trifft ganz und gar zu". Wenn Sie sich beispielsweise in der Mitte platzieren, würde das heißen „trifft in der Hälfte der Fälle zu". Bitte positionieren Sie sich auf den beiden nächsten Seiten auf jeder Skala in Bezug auf Ihre beruflichen Gespräche:

1   Ich kann anderen etwas so erklären, dass sie genau verstehen, was ich meine.

0										10

2   Wenn ich Aufgaben delegiere, bekomme ich genau die Arbeitsergebnisse, die ich mir vorgestellt habe.

0										10

3   Ich weiß genau, was mein Vorgesetzter von mir erwartet.

0										10

4   Ich weiß von anderen, dass ich gut zuhören kann.

0										10

5   Vor jedem Gespräch mache ich mir klar, welches Ziel ich damit verfolge.

0										10

6   Ich bereite mich auf schwierige Gespräche gründlich vor.

0										10

7   Vor einem wichtigen Gespräch überlege ich, was meine Gesprächspartner brauchen, um mich verstehen zu können.

0										10

8 Meine eigenen Anliegen und Interessen kann ich klar und sicher vertreten.

0										10

9 Ich kann in Gesprächen die sachliche von der emotionalen Ebene unterscheiden.

0										10

10 Falls ich verbal angegriffen werde, kann ich auf unterschiedliche Weise reagieren.

0										10

11 Ich kann eine Besprechung mit mehreren Personen so leiten, dass am Ende allen das erarbeitete Ergebnis klar ist.

0										10

12 Wenn ich kritisiert werde, bin ich interessiert daran zu hören, wie ich wirke und was ich an meiner Arbeit verbessern kann.

0										10

13 Wenn sich andere im Eifer einer Auseinandersetzung emotional äußern, nehme ich das nicht persönlich.

0										10

14 Ich akzeptiere die Bedürfnisse und Interessen meiner Gesprächspartner, auch wenn ich sie inhaltlich nicht billige.

0									10

15 Ich scheue mich nicht, jemanden zu kritisieren, damit die Arbeitsergebnisse besser werden.

0									10

16 Ich gehe freundlich mit mir selbst um und spreche in meinen inneren Selbstgesprächen ermutigend mit mir.

0									10

17 Ich kann meine Arbeitsergebnisse sicher präsentieren.

0									10

18 Wenn ich feststelle, dass andere Menschen anders denken, reden und verstehen als ich, werde ich neugierig und will verstehen, wie sie „funktionieren".

0									10

Auswertung

Schauen Sie jetzt, wo sich Ihre Extremwerte befinden: Wo Sie nahe bei 10 angekreuzt haben, liegen Ihre Stärken. Würdigen Sie sie. Die Aussagen, bei denen Ihre Kreuze nahe bei 0 liegen, können auf Entwicklungsfelder hinweisen. Entscheiden Sie, wo Sie sich verbessern wollen.

Die sechs häufigsten Hürden in Gesprächen vermeiden

In diesem Kapitel erfahren Sie,

- wie Sie Ihre kommunikativen Grundfähigkeiten – nämlich das Sprechen und das Zuhören – wahrnehmen und verbessern können,
- was die häufigsten Hürden in Gesprächen sind und
- wie Sie diese vermeiden.

Darum geht es in der Praxis

Sprechen und Zuhören sind die Basisfähigkeiten verbaler Kommunikation. Als erwachsener berufstätiger Mensch üben Sie diese Fähigkeiten schon seit einigen Jahren aus. Der Hebel, mit dem Sie Ihre Gesprächskompetenz deutlich verbessern können, liegt im Verfeinern dieser beiden Grundfertigkeiten. In diesem Kapitel können Sie sich ein genaueres Verständnis erschließen und Grundlagenwissen auffrischen, das Ihnen hilft, Gespräche künftig besser zu steuern.

Genau betrachtet ist es geradezu verwunderlich, wenn Verständigung reibungslos funktioniert, wo es doch so viele Hürden gibt, an denen sie scheitern kann. Ein dem Verhaltensforscher Konrad Lorenz zugeschriebenes Zitat, das ich erweitert habe, fasst diese Verständigungshürden prägnant zusammen:

- Gedacht ist nicht gesagt,
- gesagt ist nicht gehört,
- gehört ist nicht verstanden,
- verstanden ist nicht einverstanden,
- einverstanden ist nicht ausgeführt,
- ausgeführt ist nicht beibehalten.

Die folgenden Übungen beziehen sich auf diese Stolpersteine auf dem Weg zur Verständigung und begründen sie Satz für Satz.

Ein Gespräch analysieren

Warum waren Sie nicht zufrieden?

Als Einstieg erinnern Sie sich bitte an ein Gespräch, das Sie in Ihrem beruflichen Alltag geführt haben und das nicht zu Ihrer Zufriedenheit verlaufen ist. Der Anlass für das Gespräch könnte eine Frage, die Sie gestellt, oder ein mündlicher Auftrag, den Sie erteilt haben, gewesen sein.

Überlegen Sie, warum Sie mit dem Ergebnis nicht zufrieden waren. Schreiben Sie mögliche Ursachen auf, die dazu beigetragen haben könnten, dass die Situation nicht in Ihrem Sinn gelungen ist. Notieren Sie auch die Folgen der analysierten Ursachen. Schreiben Sie zusätzlich auf, an welchem Verhalten Ihres Gegenübers Ihnen das Misslingen Ihrer Kommunikationsabsicht deutlich geworden ist.

Praxistipps

Das Sender-Empfänger-Modell

Gerade im Berufsleben geht es vorrangig darum, mit Worten etwas zu bewirken. Kommunikation ist dann erfolgreich, wenn das intendierte Handeln schließlich auch eintritt. Sie haben Ihre Kommunikationsabsicht erreicht, wenn Sie sagen „Gib mir mal bitte die Akte Luxemburg" und der Adressat dieses Satzes reicht sie Ihnen herüber. Wenn jedoch eine S-Bahn am Gebäude vorbeifuhr oder das Telefon klingelte, während Sie sprachen, wenn Ihr Adressat Sie also nicht hören konnte oder abgelenkt war, hatte Ihr Kommunikationsversuch keinen Erfolg.

Dieses Beispiel zeigt zwei Klassen von Beteiligten: diejenigen, die etwas sagen und erreichen wollen – und diejenigen, die hören und darauf reagieren (sollen). Aus Ihren Kommunikationstrainings oder aus der Schule wird Ihnen diese Einteilung unter dem Namen „Sender-Empfänger-Modell" bekannt sein. Das Gesagte wird als Nachricht bezeichnet, die der Sender durch Sprechen (verbal) sowie durch Gestik, Mimik und Tonfall (nonverbal) an einen oder mehrere Empfänger abschickt.

In einem Gespräch wechseln beide Rollen und werden gleichzeitig wahrgenommen: Während Sie eine Nachricht kundtun, nehmen Sie die Nachricht Ihres Gegenübers auf, z. B. aufmunternde oder desinteressierte Blicke. Das Abwechseln beider Rollen, des Senders und Empfängers von Nachrichten, geschieht unwillkürlich und sehr schnell.

Sie sind mitverantwortlich für das, was Sie hören

Die Äußerungen in Gesprächen werden sowohl vom Sender als auch vom Empfänger modelliert. Die Bedeutung einer Nachricht im persönlichen Umgang ist nicht eindeutig festgelegt, sondern stark kontextabhängig: Wer etwas wie, in welcher Umgebung, mit welcher Vorgeschichte und wann zu wem sagt, erzeugt vielfältige Unterschiede.

Der Satz „Sind Sie fertig?" kann, je nach Kontext und mitgesendeten nonverbalen Zeichen, geradezu gegenteilig ausgesprochen und aufgefasst werden: nämlich mit der Bedeutung „Sind Sie schon fertig?" oder „Sind Sie endlich fertig?". Diese Abhängigkeit von Begleitumständen ist der Grund für die Störanfälligkeit von Kommunikation. Die Begleitumstände verteilen sich auf alle am Gespräch beteiligten Menschen. Gesprächspartner können einander nicht in den Kopf schauen, folglich können sie oft nicht wissen und einschätzen, in welcher (inneren) Lage sich ihr Gegenüber befindet. In diesem Buch wird immer wieder auf die unterschiedlichen Blickwinkel der Gesprächspartner eingegangen, auf das notwendig beschränkte Wissen, das Gesprächsteilnehmer voneinander haben.

Gedacht ist nicht gesagt

Informationen geben – und einholen

Frau Brose, die Inhaberin eines größeren Herrenausstatter-Geschäfts, möchte die Kundschaft langfristig an ihr Unternehmen binden und legt deshalb Wert auf gute persönliche Beratung. Um ihr Team zu verjüngen, hat sie kürzlich Herrn Martinov eingestellt, der 24 Jahre alt und noch etwas schüchtern ist. Er arbeitet jetzt seit einer Woche im Geschäft; ob seine Chefin mit seiner Art, die Kunden zu bedienen, zufrieden ist, weiß er nicht. Frau Brose schätzt seinen unaufdringlichen Umgang mit den Kunden, hat aber bemerkt, dass er einige Gelegenheiten nicht wahrgenommen hat, aktiv passende Ware zum Kombinieren anzubieten.

Versetzen Sie sich in die Situation von Frau Brose und Herrn Martinov. Schreiben Sie nun in Stichworten auf, was jeweils aus der Perspektive der Chefin und des Verkäufers zu tun ist, damit einerseits Frau Brose mit der Arbeitsleistung von Herrn Martinov zufriedener wird und andererseits Herr Martinov Klarheit darüber bekommt, wie seine Leistung eingeschätzt und was von ihm erwartet wird.

Lösung

In einer solchen Situation geht es darum, dass die Beteiligten miteinander ins Gespräch kommen. Frau Brose bemerkt, dass Herr Martinov nicht von sich aus Kunden auf Bekleidungskombinationen hinweist. Sie muss es ihm sagen. Herr Martinov weiß nicht, ob seine Chefin mit seiner Kundenberatung zufrieden ist. Er muss sie fragen. Wenn keiner der beiden die Initiative zu einem Gespräch ergreift – die eine vielleicht, weil so viel anderes zu tun ist, der andere, weil er sich nicht traut –, kann Ärger entstehen: auf Seiten der Chefin, wenn sie immer wieder sieht, dass ihr Verkäufer etwas unterlässt, was ihr wichtig ist, auf der Seite des Angestellten, wenn seine Chefin irgendwann unkontrolliert reagiert und ihm Vorwürfe macht.

Praxistipps

Gedacht ist nicht gesagt: Klarheit schaffen

- **Aus der Senderperspektive**: Sprechen Sie aus, was andere wissen müssen, um ihre Arbeit nach Ihren Vorstellungen zu erledigen.
- **Aus der Empfängerperspektive**: Fragen Sie nach, wenn Sie nicht sicher sind, was von Ihnen erwartet wird.

Was einfach klingt, ist manchmal gar nicht so leicht. Häufig wird etwas nicht ausgesprochen oder hinterfragt, weil es selbstverständlich zu sein scheint. Achten Sie auf die nächste Unklarheit in einem Gespräch, die entsteht, weil etwas *nicht* gesagt wurde. Damit schärfen Sie Ihr Verständnis für die

Bedeutsamkeit ungenannter Voraussetzungen. Wenn dann in wichtigen Gesprächen Missverständnisse auftreten, können Sie schneller überprüfen, ob die aktuelle Verständigungshürde aufgrund einer nicht ausgesprochenen scheinbaren Selbstverständlichkeit entstanden ist.

Schweigsamkeit als Kommunikationshürde

Die Aussage „gedacht ist nicht gesagt" beinhaltet noch eine weitere Art von Verständigungshürde: Manche Menschen neigen dazu, zwar intensiv zu denken, aber wenig zu sprechen. Dies führt bisweilen dazu, dass etwas Wichtiges unbeabsichtigt nicht ausgesprochen wird.

- **Aus der Senderperspektive betrachtet:** Neigen Sie dazu, nur das Notwendigste zu sagen, Ihnen Selbstverständliches nicht zu wiederholen? Missverständnisse und Zeitverlust bei wichtigen Angelegenheiten lassen sich oftmals dadurch vermeiden, dass Sie andere an etwas erinnern, auch wenn Sie es für selbstverständlich halten. Schauen Sie Ihr Gegenüber an und stellen Sie innerlich bewusst um von Denken auf Kommunizieren.

- **Aus der Empfängerperspektive betrachtet:** Sie arbeiten mit Menschen zusammen, die häufiger mit ihrer inneren Welt beschäftigt sind als mit der äußeren? Und Sie bekommen oft zu hören, dass man Ihnen etwas Bestimmtes doch schon gesagt habe? Fragen Sie aus eigener Initiative nach. Schlimmer als die Antwort „Das habe ich doch schon gesagt" ist es, hinterher zu hören „Da hätten Sie eben fragen sollen."

Gesagt ist nicht gehört

Informationsfluss sichern

Übung 3

 **4 min**

Gerade bei Mitteilungen von mittlerem Wichtigkeitsgrad besteht die Gefahr, aus dem Auge zu verlieren, dass nicht alle, die das Thema anging, anwesend waren. Um zu hören, was ein anderer gesagt hat, müssen Sie aber anwesend sein – physisch und mental. Diese Bedingung ist nicht trivial. Wenn nämlich Anwesenheit fälschlich vorausgesetzt wird, können Irritationen und Missverständnisse entstehen.

Ein Beispiel: Arne Kraus sitzt mit Kollegen am Mittagstisch. Eine Kollegin erwähnt den bevorstehenden Betriebsausflug. Herr Kraus: „Seit wann steht denn der Termin fest?" Die Kollegin antwortet: „Der wurde auf der Sitzung am Montag besprochen, du warst doch dabei." Herr Kraus: „Nein, war ich nicht. Ich war beim Kunden." Welche kommunikativen Anforderungen illustriert das Beispiel? Beschreiben Sie aus der Sender- und aus der Empfängerperspektive, was zu tun ist, um einen ausreichenden Informationsfluss sicherzustellen.

Lösung

Wenn Sie auf einen vollständigen Informationsfluss angewiesen sind, gehen Sie am besten folgendermaßen vor:

Senderperspektive	Empfängerperspektive
• Stellen Sie sich die Kontrollfragen: „Wissen alle davon, die es wissen müssen?", „Sind alle hier, die es betrifft?". • Sorgen Sie bei wichtigen Informationen dafür, dass alle Nichtanwesenden anderweitig erreicht werden. • Stellen Sie dies durch einen Kontrollschritt sicher (z. B. Umlauf mit Abzeichnung, terminierte Antwortmail).	• Informieren Sie sich aktiv, was in Ihrer Abwesenheit besprochen und beschlossen wurde. • Im Beruf ist Information keine Bring-, sondern eine Holpflicht.

Praxistipp

Nicht allein dadurch, dass Menschen sich im gleichen Raum und in Hörweite aufhalten, ist gesichert, dass sie hören, was gesagt wird. Viele Gründe können ihre Aufmerksamkeit anders steuern: Wenn sie innerlich mit anderem beschäftigt sind, hören sie nicht zu. Wenn es Ihnen wichtig ist, dass Ihre Information die Empfänger sicher erreicht, ist es nützlich, sich die Hürde „Gesagt ist nicht gehört" in Erinnerung zu rufen.

Gehört ist nicht verstanden

Der richtige Umgang mit Arbeitsanweisungen

Sind Sie der Sender einer Nachricht, ist es notwendig, sich zu vergewissern, was die anderen verstanden haben. Überprüfen Sie die Voraussetzungen Ihrer Zuhörer und klären Sie im Zweifelsfall, ob Sie wirklich über denselben Sachverhalt, dieselbe Person sprechen. Wenn Sie der Empfänger einer Nachricht und sich nicht sicher sind, ob Ihr Gegenüber gemeint hat, was Sie verstanden haben, sollten Sie unbedingt nachfragen. Ein Beispiel: In einem Meeting hören Sie die Aufforderung Ihres Chefs: „Haben Sie ein Auge auf die einschlägige Fachpresse!" Schreiben Sie nun detailliert auf, was Sie darunter verstehen.

Lösung

Folgendes könnte sinnvoll sein zu präzisieren:

- Wer von den Anwesenden soll die Aufgabe übernehmen? Sie allein? Alle Anwesenden?

- Um welche Publikationen handelt es sich im Einzelnen?

- Für welchen Zeitraum gilt diese Anweisung? Bis zur nächsten Sitzung oder bis zum Ende des Projekts? Ist es eine Daueraufgabe?

- Welches Handeln soll daraus folgen? Sich selber auf dem Laufenden zu halten, Kollegen zu informieren oder dem

Chef zu berichten? Soll dies regelmäßig geschehen oder nur, wenn Ihnen etwas besonders wichtig für Ihr Unternehmen erscheint?

- Wissen Sie, welches Ziel mit dem Auftrag verbunden ist?

So viel Präzisierung findet meistens nicht statt. Aus gutem Grund: Geteilte – oder vermeintlich geteilte – Selbstverständlichkeiten werden häufig nicht ausgesprochen, um Energie und Zeit zu sparen. Dies funktioniert jedoch nur, wenn alle Beteiligten von identischen Voraussetzungen ausgehen.

Praxistipps

Wir neigen dazu, die eigenen Selbstverständlichkeiten auch bei anderen zu unterstellen, ohne uns darüber im Einzelnen klar zu sein. Wenn Gesprächsteilnehmer dieselben Annahmen voraussetzen, gelingt die Verständigung. Ist dies nicht der Fall, ist Missverstehen programmiert. Sobald Sie darauf bewusst achten, werden Sie täglich in Gesprächen unterschiedliche Bedeutungszuschreibungen und Gewichtungen wahrnehmen.

Manche Menschen befürchten, sich durch Nachfragen bloßzustellen, besonders wenn sie sich noch unsicher fühlen. Die Außenwirkung ist jedoch meist gegenteilig, denn rechtzeitiges Nachfragen beugt Zeitverschwendung vor. Das wissen gute Führungskräfte zu schätzen. Sie können Ihre Nachfrage auf verbindliche Art einleiten, z. B. so: „Ich möchte mich gern vergewissern, ob ich Sie richtig verstanden habe."

Verstanden ist nicht einverstanden

Zwischen Verstehen und Einverständnis unterscheiden

Übung 5
10 min

Die beiden Protagonisten aus dem Beispiel „Kundenberatung" aus Übung 2 haben ihre Differenzen zum Teil geklärt: Ein Grund für die Unstimmigkeiten war die zeitweise physische Abwesenheit von Herrn Martinov. Frau Brose hatte nämlich auf einer internen Fortbildung die Art der Kundenberatung erläutert, die sie von ihrem Personal erwartet. Ihr war allerdings nicht gegenwärtig, dass Herr Martinov dabei nur zeitweise anwesend sein konnte. Herr Martinov fragt seine Chefin, was er auf der Fortbildung, die er vorzeitig verlassen musste, inhaltlich verpasst hat. Sie verabreden deshalb ein Gespräch zu zweit zum Thema Kundenberatung.

Frau Brose erläutert im Gespräch mit Herrn Martinov die Art, Kunden zu beraten, die sie erwartet, und macht Herrn Martinov Verbesserungsvorschläge für seine Art, Kunden zu beraten: Er möge aus eigener Initiative mehr Alternativvorschläge machen, und zwar solche, die zum Stil der Kunden passen. Danach vergewissert sie sich, ob er ihre Vorschläge verstanden hat. Herr Martinov gibt das, was Frau Brose sich vorstellt, in seinen Worten zu ihrer Zufriedenheit wieder.

Notieren Sie nun in Stichworten, wie der nächste Gesprächsschritt aus der jeweiligen Perspektive der Gesprächspartner aussehen könnte.

Lösung

An das skizzierte Gespräch zwischen Frau Brose und Herrn Martinov sollte sich folgender Schritt anschließen: Frau Brose vergewissert sich, ob Herr Martinov ihre Sicht teilt. Was hält er von ihren Vorschlägen, wie kann er sie umsetzen? Wenn er Einwände hat, was wäre ein Vorgehen, das seine innere Zustimmung fände? Herr Martinov bringt seine Bedenken zum Ausdruck und erklärt, welche Schwierigkeiten er sieht. Das könnte so aussehen:

* Frau Brose bemerkt an der Art, wie Herr Martinov das Geforderte schildert, seine Skepsis und fragt ihn nach seiner Einstellung dazu.

* Herr Martinov erklärt Frau Brose, dass er bezweifelt, ihre Anforderungen umsetzen zu können. Er erläutert ihr, dass er bei Kunden schon schlechte Erfahrungen mit aktiven Vorschlägen gemacht hat und befürchtet, aufdringlich zu wirken.

* Gemeinsam erarbeiten Frau Brose und Herr Martinov nun ein Beratungsverhalten, das seinem Umgangsstil eher entspricht: Seine Stärke ist es, zu fragen und genau herauszuhören, was Menschen sich wünschen; diese Fähigkeit soll er verstärkt einsetzen. Außerdem wird er eine Fortbildung zu den Themen Stil und Farbtypen besuchen, um sicherer zu werden.

Praxistipps

Einverständnis in Handeln umsetzen

Wenn Sie sich vergewissert haben, dass Sie verstanden haben, was Ihr Gegenüber Ihnen mitgeteilt hat, oder dass Sie verstanden worden sind, ist ein Gespräch, das etwas bewirken soll, noch nicht vollständig. Zumindest im Berufsleben geht es weiter, Kommunikation ist kein Selbstzweck. Fördern Sie das Umsetzen Ihrer Absichten in Handeln und verschaffen Sie sich zunächst die Sicherheit, dass Ihr Gegenüber das, was zu tun ist, so sieht wie Sie.

- **Aus der Senderperspektive:** Überprüfen Sie, ob die Zustimmung Ihres Gesprächspartners „Ja, verstanden" oder „Ja, einverstanden" heißt.
- **Aus der Empfängerperspektive:** Teilen Sie mit, was Ihre Zustimmung konkret bedeutet.

Bedenken und Einwände herausfinden

Verstehen ist schon viel, doch allein damit ist es nicht getan. Es wird nichts (oder zu wenig) geschehen, wenn jemand Sie zwar sachlich versteht, aber nicht der Ansicht ist, dass auch geschehen sollte, was Sie vorschlagen oder fordern. Bestenfalls erreichen Sie halbherziges Handeln. Nur wenn es Ihnen gelingt, Ihren Gesprächspartner zu überzeugen, wird er offensiv vertreten, was Sie anstreben, und selbst dafür sorgen, dass es beibehalten wird. Dieser Aspekt ist besonders bedeutsam, wenn Sie mit hierarchisch untergeordneten Menschen sprechen. Angst vor negativen Konsequenzen, falsch verstandene Anpassungsbereitschaft und generell die Angst vor Veränderung bringt Menschen, die sich abhängig fühlen, dazu, ihre Einwände nicht oder nicht deutlich genug zu äußern. Damit geht dem Unternehmen eine wertvolle Perspektive verloren und es werden Lösungsmöglichkeiten verpasst, die erst durch die Auseinandersetzung mit beiden Perspektiven entwickelt werden können:

- Fragen Sie interessiert und neugierig, was Ihre Gesprächspartner von Ihren Vorschlägen halten. Wenn Sie Vorgesetzter oder Vorgesetzte sind, geben Sie sich nicht mit förmlicher Zustimmung zufrieden, sondern interessieren Sie sich dafür, was die Menschen, die Sie anleiten, wirklich denken. Schätzen Sie das Verbesserungspotential, das in Bedenken und Einwänden liegt. Es gibt oft gute Gründe für Vorbehalte. Die Realität ist so komplex, dass niemand alle Auswirkungen allein überblicken kann. Und denken Sie daran: Niemand weiß über die Zustände in Ihrer Organisation besser Bescheid als Ihre Mitarbeiter.

- Tun Sie eindeutig kund, ob Sie dem, was Ihr Gegenüber gesagt hat, inhaltlich zustimmen oder ob Sie es ablehnen. Wenn Sie nicht einverstanden sind, sollten Sie Ihre Einwände und Bedenken äußern. Werben Sie dafür, dass diese berücksichtigt werden. Und halten Sie sich vor Augen: Erst aus der Vielfalt der Perspektiven aller Beteiligter entstehen für die gesamte Organisation gute Lösungen.

Einverstanden ist nicht ausgeführt

Vereinbarungen umsetzen   Übung 6

 **10 min**

Im Gespräch mit Herrn Martinov hat Frau Brose mit ihm verabredet, wie er seine persönliche Art, Kunden zu beraten, zukünftig noch verbessern kann. Nun kommt es darauf an, die Vereinbarungen im Arbeitsalltag umzusetzen.

Schreiben Sie in Stichworten auf, wie der nächste Schritt im obigen Beispiel aus der jeweiligen Perspektive beider Gesprächspartner aussehen könnte. Wie sollten Frau Brose und Herr Martinov am besten vorgehen, um ihre Ziele zu erreichen?

Lösung

Frau Brose nimmt in ihre Agenda auf, Herrn Martinov bei mindestens zwei Beratungsgesprächen wöchentlich zu beobachten. Außerdem will sie ihn nach seiner Fortbildung fragen, was er gelernt hat. Herr Martinov bittet Frau Brose, ihm einmal pro Woche direktes Feedback zu seinen Kundengesprächen zu geben. Er wird sich selbst ein Fortbildungsseminar aussuchen.

Praxistipps

In diesem Abschnitt ist deutlich geworden: Einverständnis allein reicht nicht. Jedenfalls dann nicht, wenn es um Ergebnisse, insbesondere Geschäftsergebnisse geht. Letztlich geht es ja um das Handeln, wenn Sie etwas erreichen oder verändern wollen – ob es nun Ihre Mitarbeiter oder Ihre eigene Person betrifft. Da Menschen aber dazu neigen, das Gewohnte beizubehalten, erfordert jede Verhaltensänderung besondere Aufmerksamkeit.

- **Aus der Senderperspektive betrachtet:** Fragen Sie sich selbst, was der erste Schritt zur Umsetzung ist. Fragen Sie Ihren Gesprächspartner dasselbe. Überlegen Sie sich, wie Sie diesen Schritt unterstützen können, vor allem, wenn Sie Führungsverantwortung tragen. Das heißt nicht, dass Sie selbst einen Teil der Arbeit erledigen sollten, sondern dass Sie Vorbereitung und Durchführung begleiten, damit getan werden kann, was Ihnen wichtig ist. Vereinbaren Sie konkret, was wann durchgeführt wird.

- **Aus der Empfängerperspektive betrachtet:** Fragen Sie sich selbst, was der erste Schritt zur Umsetzung ist. Fragen Sie Ihren Gesprächspartner dasselbe. Überlegen Sie, ob Ihr Gesprächspartner Sie unterstützen kann. Scheuen Sie sich nicht, Vorgesetzte um Hilfe bei der Umsetzung zu bitten. Das gehört zu deren Aufgaben. Verabreden Sie etwas, was realistisch möglich ist. Wenn Sie aktiv fragen, werden Sie sich wundern, wie viele Menschen, auch Kollegen und Vorgesetzte, zur Unterstützung bereit sind.

Ausgeführt ist nicht beibehalten

Gesprächsergebnisse sichern

Übung 7
10 min

Frau Brose hat mit Herrn Martinov besprochen, wie er seine persönliche Art, Kunden zu beraten, zukünftig verbessern kann. Sie haben dazu ganz konkrete Umsetzungsschritte vereinbart. Was ist jetzt noch nötig? Erinnern Sie sich nochmals an die Vereinbarungen zwischen Frau Brose und Herrn Martinov, die in der Lösung zu Übung 6 beschrieben sind. Notieren Sie nun in Stichworten, wie die Komplettierung des Gesprächs aus der jeweiligen Perspektive beider Gesprächspartner aussehen könnte.

Lösung

Zum Gespräch zwischen Frau Brose und Herrn Martinov gehört eine Nachbereitung, die sicherstellt, dass die verabredeten Schritte auch längerfristig umgesetzt werden: Frau Brose vereinbart mit Herrn Martinov ein nächstes Gespräch in sechs Wochen, in dem sie gemeinsam seine Erfahrungen und Fortschritte auswerten wollen. Sie notiert sich einen möglichen Termin und dazu den Vermerk, Herrn Martinov spätestens dann danach zu fragen, welches Fortbildungsseminar er gebucht hat. Herr Martinov schreibt sich in seinen Kalender, in den nächsten sechs Wochen Frau Brose einmal wöchentlich nach ihrem Feedback zu fragen. Er notiert auf seiner To-Do-Liste, noch heute mit der Suche nach Fortbildungsinformationen zu beginnen und eine Freundin anzurufen, die ihm von einem Seminar erzählt hat, das passen könnte.

Praxistipps

Kontrollieren Sie die Umsetzung von Vereinbarungen

Kontrolle und Selbstkontrolle sichern Gesprächsergebnisse, sie unterstützen und machen wahrscheinlicher, dass angestrebte Ziele erreicht werden. Kontrolle gibt Orientierung: Sind die Arbeitsergebnisse in Ordnung, ist das für alle Beteiligten entlastend, sind sie es noch nicht, ist das Anlass, darüber nachzudenken, wie das gewünschte Ergebnis erreicht werden kann oder ob es Gründe gibt, die Bedingungen zu überprüfen und eventuell die Vorgaben zu ändern.

Senderperspektive	Empfängerperspektive
■ Sichern Sie Gesprächsergebnisse, indem Sie vereinbaren, wann die Ergebnisse ausgewertet werden. ■ Legen Sie einen Termin für diese Nachbesprechung fest.	■ Sichern Sie Gesprächsergebnisse, indem Sie das, was Sie dafür zu tun haben, in kleine Schritte unterteilen und terminieren. ■ Bitten Sie diejenigen, die am Ergebnis Ihrer Arbeit interessiert sind (Kollegen, Vorgesetzte) um Feedback. ■ Vereinbaren Sie einen Termin, zu dem Sie das Erreichte besprechen und bewerten.

Wenden Sie Ihr Wissen an

Warum Gespräche scheitern

Übung 8
🕐 **10 min**

Schauen Sie nun noch einmal nach, was Sie sich zu Übung 1, in der Sie ein gescheitertes Gespräch analysieren sollten, notiert haben. Ordnen Sie die Ursachen, die Sie für das Misslingen gefunden haben, den hier beschriebenen sechs Hürden der Kommunikation zu.

Praxistipps

Zum raschen Nachschlagen dient die folgende Tabelle. Hier sind alle sechs Kommunikationshürden zusammengefasst und Empfehlungen, wie man sie überwinden kann.

Hürde	Senderperspektive	Empfängerperspektive
Gedacht ist nicht gesagt.	Sprechen Sie aus, was andere wissen müssen, um ihre Arbeit nach Ihren Vorstellungen erledigen zu können.	Fragen Sie nach, wenn Sie nicht sicher sind, was von Ihnen erwartet wird.
Gesagt ist nicht gehört.	Vergewissern Sie sich, was die anderen gehört haben.	Besorgen Sie sich die Informationen, die Sie verpasst haben.

Hürde	Senderperspektive	Empfängerperspektive
Gehört ist nicht verstanden.	Vergewissern Sie sich, was die anderen verstanden haben.	Sagen Sie, was bei Ihnen angekommen ist.
Verstanden ist nicht einverstanden.	Überprüfen Sie, ob die Zustimmung „Ja, verstanden" oder „Ja, einverstanden" heißt.	Teilen Sie mit, was Ihre Zustimmung bedeutet.
Einverstanden ist nicht ausgeführt.	Verhelfen Sie Ihren Zielen zur Umsetzung.	Sagen Sie, was Sie zur Umsetzung brauchen.
Ausgeführt ist nicht beibehalten.	Unterstützen Sie durch Kontrolle.	Schaffen Sie sich Selbstkontrollen, besonders bei neuen Aufgaben.

Gespräche gezielt steuern

In diesem Kapitel erfahren Sie,

- wie Sie mit klarer Zielsetzung und einfacher Strukturierung gute Gesprächsergebnisse erreichen,
- wie Sie durch aktives Zuhören und die Würdigung anderer Sichtweisen ein tieferes Verständnis entwickeln und
- wie Sie durch verschieden Frageformen zu den Informationen kommen, die Sie benötigen.

Darum geht es in der Praxis

In diesem Kapitel trainieren Sie Basisfertigkeiten der Gesprächsführung, die Sie in jedem zielorientierten Gespräch nutzen können.

Einige dieser Verfahren werden Sie kennen und praktizieren, denn schließlich sind Gespräche das am häufigsten eingesetzte Medium im Beruf.

Überprüfen und testen Sie, welche Techniken Ihnen in beruflichen Gesprächen bereits geläufig sind und welche Sie künftig genauer und intensiver einsetzen wollen.

Machen Sie sich das Gesprächsziel klar

Eine Besprechung vorbereiten

Übung 9

 **10 min**

Selbst wenn Sie bisher noch an keiner Fortbildung teilgenommen haben, die „Gespräche vorbereiten" zum Thema hatte, so haben Sie aber Gespräche geführt, möglicherweise auch Besprechungen geleitet, und dabei erfahren, was sich förderlich und was sich hinderlich auswirkt.

Bitte notieren Sie, wie Sie eine Besprechung vorbereiten oder vorbereiten würden, die Sie einberufen und leiten.

Lösung

- Klären Sie für sich das Ziel der Besprechung, sodass Sie wissen,
  - warum Sie sich mit diesen Teilnehmern zu einer Besprechung zusammensetzen,
  - was Sie damit erreichen wollen und
  - was für Sie ein gutes Besprechungsergebnis wäre.

- Machen Sie allen Beteiligten das Ziel der Besprechung klar und versetzen Sie Ihre Gesprächspartner in die Lage, aktiv an einem guten Ergebnis mitzuwirken. Verschicken Sie dazu eventuell vorab eine Agenda bzw. Tagesordnung und Unterlagen.

- Bringen Sie sich selbst in einen guten Zustand, der hilfreich für Ihre Ziele ist. Nur wenn Ihnen selbst klar ist, was Sie wollen, und Sie das auch innerlich unterstützen, können Sie die Gesprächsziele engagiert vertreten.

Außerdem ist es nötig,

- den Zeitpunkt der Besprechung so zu terminieren, dass alle, die für das Ergebnis gebraucht werden, teilnehmen können,
- die Zeitdauer realistisch zu begrenzen, sodass alle Beteiligten wissen, wann sie wieder für andere Aufgaben frei sind,
- den Ort und den Rahmen so zu wählen, dass die Arbeitsfähigkeit unterstützt wird.

Praxistipps

Gleich, ob Sie eine Besprechung oder ein Gespräch vorbereiten und auch wenn Ihre Zeit nur sehr knapp ist, klären Sie immer vorab das Ziel. Machen Sie sich klar, was Ihre Rolle und was die Aufgaben der anderen sind: gemeinsam eine Entscheidung treffen, Ideen entwickeln oder Meinungen zusammentragen? Brauchen Sie eine gemeinsam getragene Entscheidung? Oder sollen die anderen hören – und mittragen – was Sie (oder andere) bereits entschieden haben?

Wenn Sie die Frage nach dem Ziel des Gesprächs oder der Besprechung nicht beantworten können oder mit der Antwort nicht zufrieden sind, sollten Sie in Erwägung ziehen, den Termin abzusagen und die eingesparte Zeit für die Klärung zu nutzen. Das nützt Ihrer Arbeitsaufgabe mehr als eine unklare und damit nicht steuerbare Besprechung.

Wie Sie ein Gesprächsziel formulieren

Ein Gesprächsziel ist kein inhaltlich vorweggenommenes Gesprächsergebnis, es kann z. B. so formuliert sein: „Wir verabreden gemeinsam die Prioritäten der anstehenden Aufgaben." Oder noch konkreter: „Am Ende der Besprechung, in 45 Minuten, haben wir uns auf eine Maßnahmenliste geeinigt und die Rangfolge der anstehenden Aufgaben festgelegt." Auch bei Ihren Telefongesprächen profitieren Sie von solch einer zielorientierten Vorbereitung.

Checkliste: Klärung des Gesprächsziels

- Was ist das Ziel des Gesprächs/der Besprechung? (In einem Satz)
- Gibt es ein offizielles Ziel, z. B. ausgerichtet an Projektmeilensteinen, an strategischen Zielen der Organisation?
- Haben Sie eigene Ziele? Was wollen Sie erreichen, worauf besonderen Wert legen?
- Kontrollfrage: Ist diese Besprechung wirklich nötig? Könnte Ihr Ziel auf andere Weise (Telefonkonferenz, Mail) wirtschaftlicher erreicht werden?
- Mit welcher inneren Einstellung gehen Sie in dieses Gespräch?

Aus der Sender- und Empfängerperspektive

Besonders in der Rolle der Gesprächsleitung haben Sie die Aufgabe, dafür zu sorgen, dass alle Beteiligten ihre Kenntnisse, Erfahrungen und Perspektiven dazu nutzen können, das Gesprächsziel zu erreichen.

Sind Sie Teilnehmer eines Gesprächs, ist die Frage: Wie können Sie zu einem zufrieden stellenden Ergebnis beitragen? Fragen Sie möglichst frühzeitig nach Zweck und Ziel der Zusammenkunft, falls darüber Unklarheit besteht.

Was ist ihre Stärke?

Dieses Plädoyer für klare Gesprächsziele kann für Sie unterschiedliche Bedeutung haben: Wenn Sie zu den Menschen zählen, die sich durch Zielstrebigkeit und Strukturiertheit auszeichnen, dann werden Sie hier kein großes Übungsfeld entdecken. Eher ist für Sie zum Ausgleich nötig, dass Sie sich an die Legitimität von Smalltalk erinnern, daran, dass neben der nötigen Zielorientiertheit auch Kontaktpflege und Interesse aneinander ihren Platz haben und zu einem guten Arbeitsklima beitragen.

Gehören Sie eher zu denjenigen, die der Pflege sozialer Kontakte Raum geben, weil Sie wissen, dass es ineffektiv ist, dieses Bedürfnis zu übersehen, können Sie sich klar machen, dass Sie mit straffen Besprechungen, die an klaren Zielen orientiert sind, Ihren Kollegen und Mitarbeitern Respekt zollen.

Aktives Zuhören

Was bedeutet für mich Zuhören?

 **Übung 10**
2–5 min

Sprechen und Zuhören sind die kommunikativen Basiskompetenzen, die Sie tagtäglich in vielen unterschiedlichen Situationen praktizieren. Überprüfen Sie anhand der folgenden Liste, was für Sie Zuhören bedeutet:

	Ja	Nein
Ich weiß oft schon nach dem ersten halben Satz, was mein Gesprächspartner sagen will.		
Ich interessiere mich mehr für das ausdrücklich Gesagte, als für die Zwischentöne.		
Wenn ich mich mit jemandem unterhalte, ist es mir sehr wichtig, meine eigenen Ideen und Gedanken loszuwerden.		
Während ich zuhöre, nutze ich die Zeit, um meine Gedanken zum Thema zu formulieren und meine Argumente zurechtzulegen.		
Wenn ich zuhöre, signalisiere ich kurz, dass ich verstanden habe – durch Kopfnicken, „mmh", oder „Ja" – und bringe dann meine Argumente ein.		

Lösung

Haben Sie bemerkt, dass je nach Situation unterschiedliche Arten des Zuhörens passend sind? Die Aussagen beschreiben gängiges Zuhören, wie es vor allem in Alltagsgesprächen ausreicht. Auch solches Zuhören ist ein wirksames Instrument, doch es reicht nicht aus, wenn die Lebenswelten der Gesprächspartner zu unterschiedlich sind. Auch wenn mitgesendete emotionale Botschaften verschlüsselt oder mehrdeutig sind, reicht es nicht aus.

Praxistipps

Aktives Zuhören heißt, Sie vergewissern sich aktiv, ob das, was Sie verstanden haben, dem nahekommt, was Ihr Gegenüber gemeint hat. Sie führen eine Rückkopplungsschleife ein und verlangsamen das Tempo des Dialogs.

Das ist angebracht, wenn Sie sicher sein wollen, wirklich richtig verstanden zu haben, wenn

- die Konsequenzen eines Gesprächs weitreichend sind,
- ein Gesprächspartner emotional bewegt ist,
- Sie in Sachaussagen Gefühle mitschwingen hören und klären wollen, was für ein unausgesprochener Appell ausgesendet wurde.

Die Wirkung von aktivem Zuhören

Ein Teil der Wirkung aktiven Zuhörens liegt darin, dass Sie damit Raum zur Klärung bieten: Indem Sie die emotionale Seite der Botschaft aufgreifen, ermöglichen Sie eine Bestätigung, Präzisierung oder Korrektur und können so zur Klärung eines eventuell damit verbundenen Problems beitragen.

In den folgenden Beispielsätzen steht A für die aktiv zuhörende Person:

B: „Das Projekt kommt nicht von der Stelle."

A: „Sie befürchten, dass wir nicht mehr rechtzeitig fertig werden könnten?"

B: „Ja, das macht mir Sorge. Können wir das jetzt besprechen?"

Aus der Sender- und Empfängerperspektive betrachtet

Beim aktiven Zuhören werden Sie als Empfänger einer Botschaft aktiv. Sie stellen Klärungsbedarf fest und schalten um auf aktives Zuhören. Nach diesem inneren Prozess senden Sie Ihre Fragen, um sich zu vergewissern, etwa „Meinen Sie es so: ...?".

Was ist ihre Stärke?

Wenn es Ihnen leicht fällt, sich im Austausch mit anderen zurückzuhalten, und wenn Sie dazu neigen, eine eher beobachtende Haltung einzunehmen, können Sie wahrscheinlich ausgezeichnet zuhören. Wenn Sie zudem die Welt gern analytisch betrachten und Sie interessiert, wie Kommunikation funktioniert, gehört aktives Zuhören womöglich schon lange zu Ihrem Repertoire. Achten Sie in emotional aufgeladenen Situationen darauf, Ihren Gesprächspartnern ausdrücklich mitzuteilen, dass Sie sie genau verstehen wollen. Wenn Sie diese Absicht nicht deutlich machen, könnte Ihr aktives Zuhören möglicherweise als Ausfragen missverstanden werden.

Wenn Sie dagegen ein eher expressiver Mensch sind, der gern andere an den eigenen Gedanken und Ideen teilhaben lässt, könnte aktives (und auch passives!) Zuhören für Sie ein wichtiges Lernfeld sein.

Können Sie sich gut in andere Menschen hineinversetzen, gelingt es Ihnen wahrscheinlich, durch sachliches Benennen unausgesprochen mitschwingender Emotionen Situationen zu entschärfen, in denen Sie z. B. Hektik oder Beklemmung wahrnehmen. Vermeiden Sie jedoch unbedingt Deutungen wie „Sie sind wohl so aufgeregt, weil Sie um Ihr Projekt fürchten". Solche Aussagen transportieren eine unangemessene „Ich-weiß-wie-du-dich-fühlst"-Haltung.

Zuhören, das die Verständigung fördert, geschieht wie von selbst, wenn Sie eine Haltung forschender Neugier und nicht wertenden Interesses einnehmen.

Akzeptieren Sie andere Sichtweisen

Würdigen Sie das Anliegen Ihres Gegenübers

Übung 11
 **5 min**

Stellen Sie sich eine Gesprächssituation vor, in der Sie ähnlich angesprochen wurden wie der Schaffner im folgenden Beispiel.

Kunde: „Dass die Bahn auch ständig Verspätungen einfährt, ist empörend! Ich verlange mein Geld für die Fahrkarte zurück." Schaffner: „Es gibt überhaupt keinen Grund, sich darüber aufzuregen." Kunde: „Natürlich muss man sich aufregen!! Schon wieder verpasse ich den Anschlusszug!"

Mit welcher Art von Formulierung und welcher inneren Einstellung können Sie sich in solch einem Gespräch davor bewahren, dass es sich in Behauptung und Gegenbehauptung festfährt? Wie zum Beispiel in diese Art: „Muss man nicht" – „Muss man aber doch!".

Lösung

Würdigen bedeutet nicht, der Position des anderen inhaltlich zuzustimmen. Würdigen heißt, es gibt einen Grund, und der ist es wert, ernst genommen zu werden – gerade dann, wenn Sie dem inhaltlich nicht zustimmen und die Sache anders beurteilen. Sie lassen damit Platz für Emotionen – sei es Ärger, Skepsis, Zweifel oder Unsicherheit – und Sie sagen ausdrücklich, dass der andere aus seiner Sicht gute Gründe hat, so zu reagieren. Sie bahnen einen Weg zur Sache, zu den Lösungsmöglichkeiten. Denn: Gegen Emotionen kann man nicht argumentieren. Falls Sie es versuchen, wecken Sie vor allem Widerstand bei der Gegenseite: „If you insist, I resist!"

Was ist Ihre Stärke?

Wenn Sie sich gut in andere Menschen einfühlen können, fällt es Ihnen eher leicht, Verständnis zu vermitteln und andere Sichtweisen zu akzeptieren. Möglicherweise ist die Versuchung aber groß, in die Gefühle Ihres Gegenübers „mit einzusteigen". Sie behalten besser den Überblick, wenn Sie innerlich eine angemessene Distanz wahren, sich also klar machen, dass das Würdigen des Anliegens *nicht* bedeutet, inhaltlich zuzustimmen. Wenn Sie eher mit Logik auf die Konsequenzen von Verhalten schauen, wissen Sie vermutlich rasch, was zu tun ist, um zu einer Lösung zu kommen. Dann besteht die Gefahr, dass die ausdrückliche Wertschätzung Ihres Gegenübers zu kurz kommt. Wenn Sie es dann mit Menschen zu tun haben, denen dies sehr wichtig ist, verkürzen Sie die Auseinandersetzung, indem Sie Ihre Akzeptanz der anderen Sichtweise betonen.

Die Wirkung von Fragen

Fragen Sie so, dass Sie das erfahren, was Ihnen weiterhilft

Übung 12
 **10 min**

Fragen funktionieren unterschiedlich. Notieren Sie im Hinblick auf die im Folgenden geschilderte Situation, mit welchen der anschließend aufgeführten Fragen die Protagonistin die Informationen erhält, die Sie benötigt.

Frau Hestert arbeitet für Herrn Dr. Grünsam, der sie eher spärlich mit Informationen versorgt. Sie bereitet eine Tagung mit über 140 Gästen vor, die ihr Chef leiten wird. Sie hatte zwei Tage frei genommen und will sich jetzt einen Überblick verschaffen, was während ihrer Abwesenheit geschehen ist.

Welche der folgenden fünf Fragen sollte Sie Herrn Dr. Grünsam stellen, um das Notwendige zu erfahren?

1 Gibt es neue Informationen zur Tagung?

2 Wollen Sie mich über den Stand der Dinge informieren?

3 Was ist inzwischen geschehen, das ich wissen muss?

4 Können wir meine To-Do-Liste durchgehen und Veränderungen abstimmen?

5 Was soll ich tun?

Lösung

Frage	Mögliche Wirkung
1 Gibt es neue Informationen zur Tagung?	Die Frage kann passen, um z. B. in einem ersten Schritt zu klären, ob für dieses Thema Zeit einzuplanen ist. Der Chef kann sich darauf beschränken, mit Ja oder Nein zu antworten.
2 Wollen Sie mich über den Stand der Dinge informieren?	Auch hier wird eine karge Antwort nahe gelegt. Wenn die Antwort „Nein" ist, weiß Frau Hestert nicht, ob der Zeitpunkt nicht passt oder es keine neuen Entwicklungen gibt, die sie betreffen.
3 Was ist inzwischen geschehen, das ich wissen muss?	Diese Frage zielt auf den Unterschied, der ihr wichtig ist: Wie bekomme ich Anschluss an das Geschehen, das ich jetzt wieder übernehmen soll? Sie bietet dem wortkargen Gefragten die weiteste Möglichkeit zu antworten und kommt damit den Interessen beider Beteiligten entgegen.
4 Können wir meine To-Do-Liste durchgehen und Veränderungen abstimmen?	Anhand einer konkreten, dokumentierten Aufgabenaufstellung kann Punkt für Punkt der aktuelle Informationsstand abgeglichen werden. Dies würde am ehesten zu einem optimalen Ergebnis führen.

Frage	Mögliche Wirkung
5 Was soll ich tun?	Diese Frage passt dann, wenn sich Herr Dr. Grünsam z. B. aufgeregt oder hektisch verhält, weil er Angst hat, dass nichts so laufen wird, wie er es gerne hätte.
	Sie eignet sich als Krisenintervention, die signalisiert: Ich packe mit an, sofort.

Fragen sind Alltagswerkzeuge, Sie benutzen sie ständig, wenn Sie sich unterhalten. Fragen sind auch in so unterschiedlichen Gesprächen wie Teamkonferenzen, Kunden- und Konfliktgesprächen wirksame Instrumente. Sie können damit Ihre Absichten unterstützen oder, wenn Sie unachtsam sind, vereiteln. Die vorige Aufgabe hat illustriert, dass es keine generell richtigen oder falschen, passenden oder unpassenden Fragen gibt. Vielmehr sind sie abhängig von Situation und Absicht einzusetzen: Man muss sich überlegen, was man bewirken und erreichen möchte, worin die Aufgabe besteht.

Offene oder geschlossene Frage?

Übung 13
10 min

Ob Sie den Dialograum, den gemeinsamen Denkraum, öffnen oder schließen wollen, ist ein wichtiger Unterschied. Zum schließen oder öffnen können Sie geschlossene oder offene Fragen gezielt einsetzen. Kreuzen Sie an, welche der folgenden Fragen offene Fragen, welche geschlossene Fragen sind. Um den Unterschied zwischen diesen Fragetypen zu erfahren, spüren Sie der Wirkung der Fragen nach.

	offen	geschlossen
Haben Sie es schon einmal versucht?		
Was haben Sie bisher versucht?		
Haben Sie das verstanden?		
Was haben Sie davon verstanden?		
Wollen Sie mir Bescheid sagen?		
Wann wollen Sie mir Bescheid sagen?		
Können Sie das sofort übernehmen?		
Unter welchen Bedingungen können Sie das sofort übernehmen?		

Lösung

Es sind jeweils abwechselnd geschlossene und offene Fragen.

Praxistipps

Geschlossene Fragen fordern zu kurzen Antworten auf: Ja oder Nein. Das kann angebracht sein, wenn es Ihnen auf eine klare, sofortige Entscheidung ankommt. Und Sie können damit deutlich machen, dass Sie ein Thema abschließen wollen und für beendet betrachten, z. B. am Schluss eines Gesprächs.

Auch wenn Sie am Ende eines Kundengesprächs wissen wollen, wie es um die Kaufentscheidung steht, sollten Sie keine Angst vor einem Nein haben. Ein klares Nein ist eine bessere Basis für späteres Anknüpfen als ein vager Aufschub, bei dem sich beide Verhandlungspartner unwohl fühlen.

Mit offenen Fragen erfahren Sie mehr

Übung 14
🕐 **3 min**

Entwickeln Sie für das folgende Beispiel einen Formulierungsvorschlag, mit dem Sie die Chancen vergrößern, von Ihrem Gegenüber mehr zu erfahren:

„Haben Sie schon einmal ein elektronisches Erinnerungssystem ausprobiert?" – „Nein."

„Wollen Sie es einmal versuchen?" – „Nein."

Lösung

Wenn Sie die Frage stellen „Welche Vorteile oder Nachteile könnte für Sie ein elektronisches Erinnerungssystem haben?", dann ist der Gefragte am Zug. Offene Fragen dieser Art eröffnen ihm die Möglichkeit, seine Erfahrungen und Gründe, Vorlieben und Bedenken anzusprechen.

Wenn als Gesprächsziel beispielsweise festgelegt wurde, Bedingungen für bessere Termintreue herzustellen, haben Sie mit offenen Fragen mehr Möglichkeiten, gemeinsam in einem Team Ideen für Lösungen zu entwickeln.

Praxistipps

Was wollen Sie durch Ihr Fragen erreichen? Überlegen Sie, velchen Zweck das betreffende Gespräch oder der Abschnitt es Gesprächs haben soll.

Zweck des Gesprächs	Frageart
Informationen gewinnen, Überblick erhalten	Offene Fragen Es stehen Ihnen alle Fragepronomen zur Verfügung: Was? Wer? Wo? Wann? Wie? Wodurch? usw.
Konkretisierung	Präzisierungsfragen Wie genau? Wie lange? Wie weit? Wie viel? Im Vergleich wozu? Zu groß – zu klein? Zu viel – zu wenig? Zu früh – zu spät? Zu teuer? Woran sehen Sie das?
Begründung und Sinn	Warum? Warum nicht? Und wenn doch? Was muss geschehen, dass ...? Wozu? Was wollen Sie damit erreichen?
Entscheidungen	Geschlossene Fragen schränken die Antwortmöglichkeit ein auf Ja oder Nein (oder vielleicht)
Ihr Gegenüber zum Nachdenken bringen	Wann ist das so? Wie könnte es anders sein? Welche Bedingungen sind förderlich?
Unterhaltung, Kontakt	Alle Arten von offenen Fragen, die Bezug zur Situation haben. Fragen sind ein probates Mittel der Kontaktpflege.

Problem- oder zielorientiert fragen?

Wenn Sie bestimmte wiederkehrende Fehler oder Pannen zukünftig vermeiden wollen, kann Ursachenforschung angebracht sein. Dafür setzen Sie problemorientierte Fragen ein, wie z. B. „ Was genau ist da abgelaufen?". Geht es aber darum, einem angestrebten Zustand näher zu kommen, nutzen Sie zielorientierte Fragen, wie z. B. „Was können wir dafür tun, damit so etwas nicht wieder passiert?".

Formulieren Sie die beiden problemorientierten Fragen zu zielorientierten Fragen um.

- Warum können wir den Erfolg nicht wiederholen?
- Wieso können Sie den Termin nicht halten?

Lösung

Die Fragen könnten folgendermaßen lauten:

- Welche Bedingungen brauchen wir, um diesen Erfolg zu wiederholen?
- Welche Möglichkeiten sehen Sie, den Termin doch noch einzuhalten?

Diese Fragen sind zielorientiert. Sie wirken aufbauend, konstruktiv und ermuntern Ihre Gesprächspartner, gemeinsam die Bedingungen zur Lösung von Problemen zu konstruieren. Deshalb sind sie sehr nützlich.

Was ist Ihre Stärke?

Wenn Menschen Ihnen schnell vertrauen, werden etliche Ihnen auch rasch ihre Geschichten erzählen, weil sie Ihr Interesse spüren. Das kann hilfreich sein, um Hintergründe zu verstehen und Lösungen zu entwickeln. Möglicherweise müssen Sie sich davor wappnen, sich von Erzählungen zu sehr beeindrucken zu lassen, und klar im Blick behalten, was das Ziel ist und wo wessen Verantwortlichkeiten liegen. Denken Sie ebenfalls daran, am Schluss eines Gesprächs Verbindlichkeit in der Sache herzustellen.

Wenn Sie eher zielorientiert denken und Sie leicht das angestrebte Ergebnis im Blick behalten, könnte Ihre Art des Fragens inquisitorisch erlebt werden. Begründen Sie Ihre Frage.

Die folgende Tabelle gibt Ihnen einen Überblick über die verschiedenen Fragetypen mit entsprechenden Beispielen aus der Senderperspektive und Hinweisen auf ihre Wirkung beim Empfänger.

Checkliste: Wie Fragen wirken

Fragetyp	Beispiel aus der Senderperspektive	Wirkung aus der Empfängerperspektive
Geschlossene Fragen	„Können Sie im März mit zur Messe fahren?"	Schränken ein auf Ja oder Nein, dringen auf Entscheidung.
Offene Fragen	„Was brauchen Sie, um (doch noch) mit zur Messe fahren zu können?" „Wie wollen Sie das erreichen?"	Öffnen den Raum für den Gefragten, er kann nachdenken und seine Sicht darstellen, Alternativen können entwickelt werden, fordern zum Erzählen auf.
Alternativfragen	„Wollen Sie Montag bis Mittwoch oder Mittwoch bis Freitag unseren Messestand betreuen?"	Der Gefragte kann sich zwischen aufgezeigten Möglichkeiten entscheiden oder sich der Vielfalt der Möglichkeiten bewusst werden.
Präzisierungsfragen	„Wann genau geht Ihr Flug nach München?" „Was genau wollen Sie unternehmen?"	Dringen auf Anschaulichkeit, können vom Thema ablenken, wenn sie zu früh gestellt werden.

Fragetyp	Beispiel aus der Senderperspektive	Wirkung aus der Empfängerperspektive
Suggestivfragen	„Sie sind doch auch einverstanden, dieses Bürgerbegehren zu unterschreiben?"	Drängen durch eine verkappte Behauptung in eine bestimmte Richtung.
Rhetorische Fragen	„Sie sind Lottospieler? Dann sind Sie an unserem Superangebot interessiert, nur im März ..." „Wollen Sie Geld verlieren?"	Behauptungen in Frageform, auf die gar keine Antwort erwartet wird. Dienen auch als rhetorisches Mittel in Reden.
Motivierende Fragen	„Sie sind doch Experte. Wie schätzen Sie die Möglichkeit ein ...?"	Ob sie wirklich motivieren, hängt davon ab, ob sie als echt oder manipulativ empfunden werden.
Begründungsfragen	„Warum sind Sie gestern schon um 16 Uhr gegangen?"	Erschrecken manchmal Menschen, die Begründung und Rechtfertigung nicht gut unterscheiden können.

So gelingen Feedbacks

Konstruktiv Feedback geben   **Übung 16**

10 min

Wenn Sie konstruktives Feedback formulieren, sollten Sie darauf achten, dass Sie möglichst unmittelbar ein Verhalten oder eine Situation aus der eigenen Sicht beschreiben und deutlich machen, was das für Sie selbst bedeutet.

Bitte notieren Sie, warum die folgenden Formulierungen keine Beispiele für konstruktives Feedback darstellen und formulieren Sie entsprechend neu. (Da ein Feedback immer ausführlicher ist als die unten stehenden Vorwürfe, malen Sie sich jeweils eine passende Situation aus, in der Sie das konstruktive Feedback geben.)

1 Wie kann man nur so vergesslich sein! Halten Sie doch Ihre Gedanken zusammen.

2 Immer sind Sie unpünktlich!

3 Warum haben Sie mir die Panne nicht sofort gemeldet? Sie haben wohl ein Autoritätsproblem!

4 Sie müssen häufiger den Mund aufmachen.

Lösung

1 Die Formulierung setzt eine Norm absolut („Man darf nichts vergessen.") und unterstellt sie dem Gegenüber. Besser wäre diese Formulierung: „Gestern Abend fehlten die Unterlagen zu den letzten beiden Tagesordnungspunkten. Darüber habe ich mich geärgert, wir mussten die Besprechung für 20 Minuten unterbrechen. Ich würde gern mit Ihnen besprechen, wie Sie sicherstellen können, dass die Unterlagen zukünftig komplett sind."

2 Die Aussage generalisiert. Besser wäre die Formulierung: „Sie sind mit dem Bericht erst drei Tage nach dem vereinbarten Datum fertig geworden. Ich möchte ihn zukünftig pünktlich haben. Bitte sagen Sie mir beim nächsten Mal spätestens zwei Tage vor dem vereinbarten Termin Bescheid, wie weit Sie sind, sodass wir gegebenenfalls gemeinsam besprechen können, was vorrangig ausgearbeitet werden muss, um fertig zu werden."

3 Diese Aussage ist ausgesprochen schädlich: Verhalten wird als psychisches Problem gedeutet, das ist anmaßend. Besser wäre: „Sie haben den Maschinenschaden gestern erst nach 30 Minuten weitergemeldet. Das entspricht nicht den Vorgaben. Ich will, dass Sie einen Schaden unverzüglich melden. Sogar wenn Sie mich dafür aus einem Kundengespräch herausholen müssen."

4 Diese Aussage ist unter Umständen ungünstig, weil solche direktiven Anweisungen dem Angesprochenen wenig Spielraum lassen. Besser wäre die Formulierung „Sie haben in den drei Wochen, die Sie jetzt hier sind, wenig Vor-

schläge beigesteuert, wie wir unsere Arbeitsprozesse verbessern können. Ich habe den Eindruck, dass Sie dazu einiges sagen könnten, und möchte Sie auffordern und ermuntern, das auch zu tun."

Praxistipps

Wenn Sie ein konstruktives Feedback formulieren wollen, achten Sie auf die in der Checkliste genannten Merkmale.

Checkliste: konstruktives Feedback

- Beziehen Sie Ihr Feedback stets auf eine zeitlich nahe liegende Situation.

- Benennen Sie präzise ein bestimmtes Verhalten oder eine einzelne Situationen.

- Benennen Sie Ihre subjektive Perspektive, Ihr Erleben, Ihr Wahrnehmen.

- Wenn Sie Führungsaufgaben haben beschreiben Sie auch Ihre Anforderungen.

- Äußern Sie sich direkt und unumwunden.

- Übernehmen Sie mit konstruktivem Feedback die Verantwortung für Ihren Teil der Zusammenarbeit.

- Nützliches Feedback ist also situativ, konkret, subjektiv und wertschätzend.

Formulieren Sie ein positives Feedback

Übung 17
🕐 **2–5 min**

Äußern Sie auch, was Sie positiv überrascht, was Ihren Ansprüchen genügt oder sie übertrifft. Ihr positives Feedback nützt Ihren Geschäftspartnern, Mitarbeitern, Lieferanten und Kunden, denn sie können besser einschätzen, wie ihr Verhalten ankommt. Um das eigene Angebot ständig verbessern zu können, ist es nötig, die eigenen Stärken gut zu kennen. Dazu tragen Sie mit Ihrem positiven Feedback bei.

Formulieren Sie zu drei Situationen oder Verhaltenweisen, die Ihnen in der letzten Zeit aufgefallen sind, ein positives Feedback.

Lösung

Hier finden Sie Beispielformulierungen für positives Feedback:

- Ich habe selten eine so kompetente telefonische Bestellannahme erlebt, wie gerade die von Ihnen.

- Die Tagungsbetreuung in Ihrem Haus war vorzüglich. Besonders gefallen hat mir, wie flexibel Sie sich auf unsere Wünsche einstellen konnten.

- Ihre Begrüßungsrede am Tag der offenen Tür hat mich beeindruckt. Besonders, dass Sie dabei so locker einzelne Besucher angesprochen haben.

Was ist Ihre Stärke?

Falls Sie zu denjenigen gehören, die viel Wärme ausstrahlen und denen positives Feedback, Ermutigung und Anerkennung leicht von den Lippen gehen, sollten Sie sich darin vervollkommnen. Sie tragen damit viel zum wertschätzenden Klima in einer Arbeitsgruppe bei.

Achten Sie jedoch darauf, dass Sie das, was Sie verändert haben wollen, klar und unmissverständlich ausdrücken, und vergewissern Sie sich, dass Ihre Verbesserungshinweise angekommen sind. Wenn es Ihnen eher schwer fällt, Verhalten anzusprechen, das Sie stört, könnte Ihnen helfen, sich klar zu machen, dass Ihr Feedback ein Dienst für Ihren Gesprächspartner ist: eine Information, die er nur bekommt, wenn Sie sie ausdrücken.

Wenn Sie selbst einen eher knappen und sportlichen Stil schätzen und die Erfahrung gemacht haben, dass Ihr Feedback von manchen nicht leicht angenommen wird und Sie häufig Verteidigungsmanöver provozieren, dann beachten Sie bitte Folgendes: Ihre klaren Rückmeldungen können eher auf fruchtbaren Boden fallen, wenn Sie vorab Ihre grundsätzliche Wertschätzung ausgedrückt haben.

Üben Sie es, auch die Stärken ausdrücklich zu benennen, bevor Sie auf Verbesserungsbedarf hinweisen. Gehen Sie nicht davon aus, dass jeder Ihrer Mitarbeiter oder auch Ihre Chefin weiß, wie sehr Sie sie schätzen: Sprechen Sie aus, was Sie an Positivem wahrgenommen haben – und äußern Sie danach, wo Sie Verbesserungsbedarf sehen.

- **Aus der Senderperspektive betrachtet:** Platzieren Sie Feedback in einem Moment, in dem Ihr Gegenüber hörbereit ist. Formulieren Sie Feedback situativ, konkret, subjektiv und wertschätzend. Seien Sie deutlich, denn „was dem Herzen widerstrebt, lässt der Kopf nicht ein" (Schopenhauer). Nehmen Sie positives Feedback in Ihr Repertoire auf.

- **Aus der Empfängerperspektive betrachtet:** Erbitten Sie Feedback von Ihren Kolleginnen und Kollegen, von Ihren Kunden und von Ihren Vorgesetzten, denn Sie können nur Erwartungen erfüllen, die Sie genau kennen. Hören Sie gut zu und lassen Sie das Gehörte erst einmal wirken (ohne sich zu rechtfertigen oder zu verteidigen). Sortieren Sie, was Ihr Anteil am Geschehen ist, und sagen Sie dann, was Sie ändern wollen oder können und was nicht.

Beziehen Sie Position

Vertreten Sie Ihre Interessen

Übung 18

 **20 min**

Sicher haben Sie schon einmal in einem Gespräch ein Anliegen vertreten, das Ihnen wichtig war – und sie haben Erfolg gehabt oder auch nicht. Äußerst hilfreich ist es dabei, auf verschiedene Reaktionen gefasst zu sein, um entsprechend selbst flexibel reagieren zu können.

Wählen Sie aus den fünf Anliegen zwei aus, in die Sie sich gut hineinversetzen können. Notieren Sie in Stichworten, wie Sie solch ein Gespräch vorbereiten, um Ihr Ziel zu erreichen.

Stellen Sie sich vor, Sie wollen

- ein spezielles Arbeitsgerät beantragen, z. B. einen Laptop oder einen orthopädischen Stuhl,
- bestimmte Arbeitsbedingungen vereinbaren, z. B. keine Telefonate und keine Störungen zwischen 11 und 13 Uhr, arbeiten bei geschlossener Tür, Jobsharing,
- Urlaubstage für eine Zeit aushandeln, die schwierig zu besetzen ist,
- Aushilfskräfte für besondere Aktionen einstellen,
- Entlastung von einer Aufgabe, die auf die vereinbarte Art nicht zu erledigen ist.

Lösung

Bei Ihrer Vorbereitung ist es ratsam mindestens die folgenden fünf Aspekte zu berücksichtigen:

- Das Gesprächsziel klären: Was wollen Sie erreichen? Was ist Ihr Minimalziel?
- Argumente für Ihr Anliegen sammeln
- Ihre Argumente aus der Perspektive des Verhandlungspartners prüfen und mögliche Nutzen für ihn sammeln
- Die Rahmenbedingungen klären
- Dafür sorgen, dass Sie überzeugend wirken, indem Sie sich in einen guten Zustand versetzen

Praxistipps

Legen Sie ein Minimalziel für sich fest

Der erste Schritt bei der Vorbereitung eines Gesprächs ist zu klären, was Sie erreichen wollen. Im zweiten Schritt überlegen Sie, was Sie mindestens erreichen möchten. Dadurch können Sie in der Verhandlung flexibler regieren. Ein Minimalziel kann sein ein Teil dessen, was Sie wollen (wenn z. B. ein neues Büro nicht möglich ist, wenigstens einen besseren Stuhl), ein Ersatz für das, was Sie wollen (statt des Schreibtischs am Fenster, eine bessere Lampe), eine spätere Erreichung des Ziels (wenn z. B. gegen Ende des Geschäftsjahres klar ist, was vom Budget übrig bleibt), etwas anderes (z. B. wenn viel dafür spricht, dass Sie eine Aufgabe doch übernehmen, Entlastung an anderer Stelle).

Belegen Sie Ihre Argumente und werben Sie!

Belegen Sie Ihre Argumente soweit möglich mit Zahlen, Daten und Fakten. Es lässt sich viel mehr belegen, als Sie vielleicht glauben, sobald Sie auf Details achten.

Wenn Sie voraussehen, dass Ihnen nicht unverzüglich zugestimmt wird, werben Sie für Ihren Vorschlag intensiv. Werben heißt verlocken, etwas schmackhaft machen. Das ist legitim, solange Sie auch Ihre eigenen Absichten klar benennen.

Betonen Sie den beiderseitigen Nutzen

Prüfen Sie Ihre Argumente aus der Sicht der anderen Seite. Was ist aus deren Perspektive wichtig? Was wäre aus deren Sicht gewinnbringend und nützlich? Was könnten objektive Kriterien sein? Wenn Sie sich nicht sicher sind, ob Sie alle relevanten Gesichtspunkte der Gegenperspektive sehen, sprechen Sie mit anderen darüber und nutzen Sie deren Ideen.

Was ist ihre Stärke?

Können Sie andere leicht mit Ihrer Begeisterung anstecken? Dann wird es Ihnen helfen, sich die eigenen Beweggründe klar zu machen. Denken Sie daran, diese mit Sachargumenten und Fakten zu untermauern.

Liegt Ihre Stärke mehr in der logischen Argumentation? Damit werden Sie bei Menschen mit ähnlichen Stärken gut ankommen. Benennen Sie aber auch Ihre persönlichen Interessen, Sie werden dadurch glaubhafter.

Gespräche strukturieren – Ergebnisse erzielen

Wie strukturieren Sie ein Gespräch?

Übung 19

🕐 **3–5 min**

Gut gesteuerte Gespräche und Besprechungen haben eine bestimmte Struktur, die das Erreichen und Sichern von Ergebnissen unterstützt.

Überlegen Sie, was Ihrer Erfahrung nach zur Struktur eines Gesprächs gehört. Was ist für den Beginn, das inhaltliche Bearbeiten und den Abschluss unabhängig von Thema, Ziel und Beteiligten nötig? Notieren Sie sich Stichworte.

Lösung

Gut strukturierte Gespräche haben eine Gesprächseröffnung, die ein gutes Klima fördert, im inhaltlichen Teil Zusammenfassungen der Zwischenergebnisse und einen Abschluss, der Verbindlichkeit herstellt.

Praxistipps

Gesprächseröffnung: Beziehung herstellen

Eine angenehme Atmosphäre wirkt gesprächsfördernd und verschafft Sicherheit, das Thema der Besprechung ist leichter verhandelbar. Sorgen Sie deshalb für einen Anfang, der alle Teilnehmer einbezieht, in einer Form, die zu Ihrem Unternehmen, Ihrer Organisation, passt. Das kann z. B. in Form einer informellen Viertelstunde sein oder beim Stehkaffe: Teilnehmer, die sich noch nicht kennen oder die sich lange nicht gesehen haben, können sich bei dieser Gelegenheit miteinander bekannt machen oder begrüßen und austauschen. Unabhängig von der Möglichkeit eines informellen Beginns sollte jede Besprechung, die nicht aus einem festen Teilnehmerkreis besteht, mit einer Vorstellung beginnen.

Als Teilnehmer strukturieren

Auch als Teilnehmer können Sie aktiv sein und mit ergänzenden Vorschlägen strukturierend einwirken, wenn z. B. die Gesprächsleitung sofort in das Thema hineinspringen will: „Bevor wir mit dem Thema beginnen: Kennen sich schon alle Teilnehmer? Ich wüsste gern, wer in welcher Funktion (mit welchem Interesse) im Raum sitzt. Deshalb schlage ich eine kurze Vorstellungsrunde vor, bevor wir inhaltlich loslegen."

Bündeln Sie Gesprächsergebnisse

Indem Sie Ergebnisse zwischendurch zusammenfassen, geben Sie den Teilnehmern Orientierung. Sie setzen Abschnitte und stellen die Verbindung zum Ziel der Besprechung her. Mit diesem Werkzeug können Sie Sitzungen straffen. Sie sollten dies tun, wenn Sie den Eindruck gewonnen haben, dass alle zu Wort gekommen sind und dass sich die Argumente wiederholen, ohne dass neue Gesichtspunkte erscheinen. Kündigen Sie ihr Vorhaben z. B. mit diesen Worten an: „Ich möchte den aktuellen Stand der Dinge kurz zusammenfassen: ..."

Äußerst klärend ist auch eine Zusammenfassung, wenn noch keine ausreichende Verständigung besteht! Im Englischen klingt die Bezeichnung elegant: „We agree to disagree."

Gesprächsabschluss – Verbindlichkeit herstellen

Am Ende eines Gesprächs sollten Sie das gemeinsam Erarbeitete zusammenfassen und dabei Bezug auf das Besprechungsziel nehmen. Benennen Sie Gemeinsamkeiten, fragen Sie nach Offenem und nach Unklarem. Dann verabreden Sie verbindliche Handlungsschritte gemäß Ihrem Besprechungsziel, „Wer tut was bis wann?".

Fragen Sie auch als Teilnehmer einer Besprechung ausdrücklich nach, immer wenn Sie den Eindruck haben, dass nicht alle Beteiligten ganz genau wissen, was eigentlich das Ergebnis des Gesprächs ist:

- „Was haben wir jetzt genau verabredet?"
- „Wie kann es jetzt weitergehen?"
- „Was ist also der nächste Schritt?"

Die folgende Gegenüberstellung fasst das Wichtigste noch einmal zusammen.

Senderperspektive	Empfängerperspektive
Ein Gespräch zu strukturieren ist ein Dienst an der Sache und für die Teilnehmer. Der Zweck ist, Ergebnisse zu erreichen, mit denen alle weiterarbeiten können.	Als Gesprächsteilnehmer sind Sie mitverantwortlich für die Ergebnisse. Melden Sie Ihr Bedürfnis nach Struktur an und übernehmen Sie selbst, was Sie für sinnvoll halten.

Was ist ihre Stärke?

Wenn es Ihnen leicht fällt, Gespräche zu strukturieren, könnten Sie diese Fähigkeit so einüben, dass sie auch für andere Gruppen in Ihrer Organisation nutzbar ist. Achten Sie bei aller Strukturiertheit aber auf die wichtigen informellen Phasen von Gesprächen: den Beginn und die Pausen. Sie sind unverzichtbar, damit Menschen neue Informationen verdauen und zu neuen Einsichten gelangen können. Wenn Sie eher Ihrer Spontaneität vertrauen, werden Sie viele Möglichkeiten sehen, die Teilnehmer in eine Besprechung einzubeziehen. Sie verfügen mit den beschriebenen Gesprächsabschnitten über das Minimum einer Besprechungsstruktur, mit der Sie in vielen Fällen auskommen werden.

Ihre innere Einstellung

In diesem Kapitel erfahren Sie,

- warum Ihre innere Einstellung entscheidend ist für Ihre Fähigkeit zu kommunizieren,
- wie Sie Ihre Wirkung auf andere einschätzen und Ihre Selbstsicherheit stärken können und
- warum es so wichtig ist, sich über die Macht der Worte bewusst zu sein.

Darum geht es in der Praxis

Dieses Kapitel ist dem Kern der Fähigkeit gewidmet, für beide Seiten zufrieden stellende Gespräche zu führen: Denn letztlich sind nicht Techniken sondern Ihre innere Einstellung entscheidend für Ihre Gesprächskompetenz. Warum? Die Gründe sind simpel:

Gespräche stellen Kontakt her und formen Beziehung zwischen Menschen. Beziehungen sind hochkomplex und nur in Ansätzen technisch zu regeln. Gesprächsführungstechniken können Ihnen zwar dabei helfen, sich in ungewohnten beruflichen Situationen abzusichern – um mit anderen Menschen auszukommen, brauchen Sie aber mehr als Techniken und Regeln. Denn Gespräche sind auf Vertrauen gegründet, wie Zusammenleben und Zusammenarbeiten generell. Sie verfügen über ein Gespür dafür, was ehrlich gemeint ist und wer Ihnen mit manipulativer Absicht begegnet. Selbst ein virtuoser Einsatz von Techniken ersetzt langfristig nicht eine innere Haltung, die von Respekt, Wertschätzung und dem Willen, miteinander auf faire Weise umzugehen, geprägt ist. Vieles gelingt leicht mit der inneren Einstellung, die fachlichen Aufgaben nach besten Kräften zu tun und die daran beteiligten Menschen zu achten – einschließlich sich selbst.

Da Menschen unter Anspannung dazu neigen, so mit anderen zu sprechen, wie sie es mit sich selbst innerlich tun, steht das Gespräch mit sich selbst im Mittelpunkt dieses Kapitels.

Die Wirkung auf andere kennen

Was Sie denken, strahlen Sie aus

Übung 20
 **20 min**

In dieser Übung spüren Sie den körperlichen Auswirkungen einer positiven und einer negativen Situation nach, die Sie erlebt haben. Sie benötigen einen Wecker.

1 Denken Sie zunächst an eine Ihnen unangenehme Situation (z. B. ein Zahnarzttermin). Stellen Sie einen Wecker auf drei Minuten. Schließen Sie die Augen und beobachten Sie Ihre körperlichen Reaktionen insbesondere Ihre Körperhaltung. Nehmen Sie die inneren Prozesse wahr, ohne einzugreifen.

2 Wenn der Wecker piept, hören Sie damit auf, Ihre Reaktionen zu erforschen. Denken Sie an das, was Sie wahrgenommen haben, noch einmal zurück. Schütteln Sie sich kräftig, um diese Situation wieder loszuwerden, und sagen Sie sich innerlich: „Das ist jetzt vorbei".

3 Denken Sie nun zum Kontrast an eine Situation, die Ihnen sehr angenehm und behaglich war (z. B. auf einer Wiese, in der Sonne). Stellen Sie den Wecker wieder auf drei Minuten. Schließen Sie wieder die Augen und beobachten Sie in Ruhe das, was Sie innerlich erleben. Nehmen Sie Ihre Reaktionen wahr und achten Sie dabei besonders auf Ihre Körperhaltung.

Lösung

Wenn Sie sich auf Ihre inneren Bilder konzentrieren konnten, haben Sie vielleicht folgende Reaktionen bemerkt. Beim Vorstellen der unangenehmen Situation:

- Klopfendes Herz oder flacher Atem
- Zähne aufeinander beißen
- Zunge gegen den Gaumen pressen
- Hochgezogene Schultern oder gebeugter Rücken und schlaffe Haltung
- Zusammengezogenes, angespanntes Gesicht
- Gerunzelte Stirn

Beim Vorstellen der angenehmen Situation:

- Tiefer, ruhiger Atem
- Entspanntes Gesicht
- Lockerer Kiefer
- Lächeln
- Aufrechte Haltung
- Glatte Stirn

Praxistipps

Diese körperlichen Reaktionen entstehen allein durch Ihre mentalen Vorstellungen. Wenn andere Menschen auch nicht sehen können, welche Bilder Sie gerade beschäftigen, so kann man Ihnen doch von außen ansehen, ob sie angenehm oder unangenehm sind. Gedanken erzeugen Körperreaktionen, die Ihre Gesprächspartner wahrnehmen und auf die sie reagieren. Die sogenannten somatischen Marker (körperlichen Anzeiger) sind Indizien für Ihre Gestimmtheit. Es gibt viel mehr davon als die oben aufgezählten, Sie kennen sie und Sie sind fähig, darauf zu reagieren, auch wenn Ihre Reaktion darauf unbewusst ist. Stimme, Mimik und Körperhaltung vermitteln viele dieser somatischen Marker.

Weil Ihre inneren Bilder Sie selbst beeinflussen, ist eine optimistische Grundhaltung, immer wenn Sie die Wahl haben, hilfreicher als chronisches Schwarzsehen. An etwas Angenehmes zu denken fühlt sich besser an. Und es beeinflusst, was Sie über sich selbst und andere denken und was Sie dementsprechend ausstrahlen. Unrealistisches und selbstüberschätzendes Urteilen ist hiermit nicht gemeint, auch nicht, dass Sie unangenehme Gefühle wegschieben sollten.

Senderperspektive	Empfängerperspektive
Wenn Sie sehr ärgerlich sind, wird Ihnen schwerlich z. B. ein konstruktives Feedback gelingen, weil spürbar ist, dass nicht das Interesse an Verbesserung im Vordergrund steht, sondern akuter Ärger, der nach Ausdruck drängt. Ihr Gegenüber merkt das, auch wenn Sie Ihre Worte kontrollieren.	Aktives Zuhören, taktisch eingesetzt um andere auszuhorchen, erzeugt beim Gesprächspartner Ärger. Die Absicht wird mit kommuniziert und gerade hierarchisch unterstellte Mitarbeiter haben dafür ein genaues Gespür.

Testen Sie Ihre Ausstrahlung

Werden Sie sich Ihrer Kompetenz, Ihrer Zuversicht und Ihres angenehmen Wesens bewusst und wählen Sie eine Situation, in der Sie guter Stimmung sind: Nehmen Sie die nächste Begegnung mit einem mürrischen Kunden, einer griesgrämigen Kollegin oder einem geistesabwesenden Verkäufer als herausfordernde Aufgabe, diesen Menschen zum Lächeln zu bringen.

1 Erinnern Sie sich daran, dass diese Person sicher plausible Gründe für ihre Missstimmung hat, vielleicht ist gerade das Auto liegen geblieben oder ein Kundentermin geplatzt.

2 Wappnen Sie sich gegen die „Ansteckung" von außen. Das geht umso leichter, je mehr Sie Ihrer guten Laune oder Ihrer Gelassenheit vertrauen können.

3 Versuchen Sie nun, durch ausgesprochen freundliches Reagieren Ihr Gegenüber aufzuheitern, etwa durch ein ehrliches Kompliment, das Ansprechen einer positiven Sache, die Ihnen auffällt, oder den Hinweis auf eine Besonderheit, die Sie mögen: „Feines Auto, der alte Ford Mustang da draußen."

Experimentieren Sie mit der Erfahrung, Ihre Einstellung auf andere zu übertragen.

Selbstsicherheit stärken

Bringen Sie sich in einen ressourcenvollen Zustand

Übung 22
 **3–5 min**

Erinnern Sie sich an ein Gespräch, bei dem Sie mit sich zufrieden waren. Welcher Art es war, ob es im Berufsleben oder privat stattfand, ist unerheblich. Unabhängig von Inhalt und Ergebnis dieses Gesprächs: Womit haben Sie zum Gelingen beigetragen? Notieren Sie dazu etwa drei Stichworte.

Lösung

Möglicherweise beziehen sich Ihre Stichworte auf folgende Grundbedingungen:

- Ihnen war deutlich bewusst, was Sie wollten.

- Sie haben durch Ihre wertschätzende Haltung eine gute Atmosphäre gefördert.

- Sie haben genau zugehört und sich vergewissert, ob Sie Ihr Gegenüber richtig verstanden haben.

- Sie haben sich klar ausgedrückt.

- Sie konnten gut wahrnehmen, was dem Gesprächsergebnis förderlich war, und Sie konnten flexibel reagieren.

Praxistipps

Eine ressourcenvolle Haltung bedeutet, dass Sie die Verbindung zu allen Fähigkeiten hergestellt haben, die nötig sind, um die vor Ihnen liegende Aufgabe zu bewältigen.

Wenn Sie sich Ihres Werts und Ihrer Kompetenz bewusst sind, befähigt Sie das zum Handeln, und Sie haben Zugriff auf Ihre Fähigkeiten. Sie sind innerlich frei, Anforderungen und Bedürfnisse anderer Menschen wahrzunehmen und darauf so zu reagieren, dass Sie auch Ihre eigenen berechtigten Bedürfnisse einbeziehen. Diesen Zustand können Sie durch Üben fördern.

Langfristig fördert ein pfleglicher Umgang mit sich selbst eine gesunde Selbstsicherheit und Authentizität, die Ihnen beispielsweise auch in schwierigen beruflichen Gesprächen Rückhalt bieten.

Senderperspektive	Empfängerperspektive
• Im Gespräch mit anderen strahlen Sie die Kompetenz und Erfahrung aus, die Ihnen präsent ist. • Stärken Sie Ihre Selbstsicherheit, indem Sie sich bewusst machen, was Sie wissen und können.	• Sobald Sie sich Ihrer selbst sicher sind, sind Sie frei, die Anforderungen und Bedürfnisse Ihrer Umwelt wahrzunehmen. • Ihr Denken und Handeln wird dadurch flexibler.

Fürsorglich zu sich selbst sein

Umgang mit äußerem Druck | Übung 23  10 min

Unübersichtliche Gesprächssituationen kommen immer wieder vor, entweder weil Sie selbst sich Druck machen oder weil Sie das Handeln anderer als drängend erleben. Um in einer solchen Situation aktiv handeln zu können, müssen Sie jedoch überhaupt wahrnehmen, dass Sie sich in einer Drucksituation befinden.

Erinnern Sie sich an ein Gespräch, in dem Sie unter Druck und Anspannung gerieten, vielleicht weil es Ihnen nicht so gut wie erwartet gelungen ist. Sie haben es aber trotzdem noch ordentlich zu Ende gebracht. Überlegen Sie, auf welche Art Sie es geschafft haben, den Überblick zu behalten und das Gespräch in Ihrem Sinn weiter zu steuern, und was Sie dazu getan haben – innerlich oder äußerlich – und schreiben Sie das bitte auf.

Lösung

Wahrscheinlich haben Sie auf die eine oder andere Art für Abstand gesorgt, denn dieser ist vor allem nötig, um unter Druck handlungsfähig zu bleiben. Hier finden Sie Möglichkeiten, in Gesprächssituationen förderliche Distanz herzustellen. Prüfen Sie, mit welcher Sie Ihr Repertoire erweitern möchten:

Körperlichen Abstand herstellen

- Einen Schritt zurücktreten; sich im Stuhl zurücklehnen
- Aufstehen, um z. B. ans Fenster zu gehen
- Eine Pause machen; auf die Toilette gehen
- Das Gespräch unterbrechen und vertagen
- „Krisenintervention", die immer effektiv ist: ausatmen!

Thematisch Abstand herstellen

- Den Stand der Dinge zusammenfassen
- An das Ziel des Gesprächs erinnern
- Den Bezug zur Realität herstellen (z. B. „Es ist jetzt 21 Uhr und wir müssen heute keine Entscheidung fällen.")
- Vorschlagen, zu einem anderen Thema überzugehen und das schwierige später noch einmal aufzugreifen

Mentalen Abstand herstellen

- Die Situation wie aus einer anderen Perspektive betrachten („Was würde ich darüber in einem Jahr denken?")
- Den Auftrag und die Zuständigkeiten innerlich klären: In welcher Rolle habe ich hier was zu tun und was nicht?
- Innerlich kurzzeitig aus der Situation heraustreten und ein angenehmes inneres Bild betrachten und dadurch entlastende Gefühle wecken
- Inneren Raum schaffen durch Rückfragen (wenn Sie sich von anderen direkt bedrängt fühlen)
- Zu sich selbst zurückkehren, ausatmen, den eigenen Körper bewusst spüren, Arme, Füße, Sitzfläche

Umgang mit innerem Druck

Übung 24

10 min

Können Sie sich an eine Situation erinnern, in der Sie sich auf konzentrierte, zielorientierte Arbeit eingestellt hatten und ein störendes Gefühl Ihnen immer wieder dazwischen funkte? Wie sind Sie damit umgegangen? Was waren die Konsequenzen für Ihr Arbeitsergebnis?

Lösung

Wenn Sie ein bedrängendes oder schmerzliches Gefühl spüren, machen Sie sich bewusst, was es ist. Oft handelt es sich um Ärger, Traurigkeit oder Verletztsein. Würdigen Sie dieses Gefühl, es ist ein Faktum. Und wenn Sie es übersehen, wird es Probleme machen wie ein Kind, um das man sich nicht kümmert. Folgendes können Sie tun:

- Schreiben Sie kurz auf, was Ihnen dazu in den Sinn kommt, Stichworte oder Sätze, das entlastet Ihren Kopf.

- Finden Sie eine Möglichkeit, den damit verbundenen körperlichen Impulsen Ausdruck zu geben: Laufen Sie schnell die Treppen hinauf, ballen Sie die Fäuste und wenn Sie allein sind, können Sie auch fest auf den Boden stampfen, kurz schreien oder laut jammern.

Mit diesen kurzen Aktionen entlasten Sie sich emotional und können sich in einer schwierigen Situation wieder arbeitsfähig machen. Bestimmen Sie aber einen Termin, zu dem Sie sich diesem unangenehmen Gefühl uneingeschränkt widmen,

indem Sie, je nachdem was Ihnen hilft, es gründlich durchdenken oder mit anderen besprechen.

Wird ein Gefühl, das Sie beeinträchtigt, auf diese Weise ge-
würdigt, können Sie es eine Zeit lang zurückstellen und sich
Ihrem Tagesgeschäft widmen. Übersehen und negieren Sie es
aber, wird es unterschwellig sehr viel Energie binden.
Schlimmstenfalls bläht es sich auf und bricht unkontrolliert
hervor – dann, wenn Sie es am wenigsten brauchen können.

Senderperspektive	Empfängerperspektive
• Wenn Sie unter innerem Druck stehen, teilt sich dieser auch Ihren Gesprächspartnern mit. Das kann negativen Einfluss auf die Gesprächsatmosphäre haben.	• Wenn Sie unter innerem Druck stehen, können Sie nur eingeschränkt zuhören und wahrnehmen, weil Sie damit beschäftigt sind, Ihre Gefühle zu kontrollieren.
• Wenn ein wichtiges Gespräch bevorsteht: Versetzen Sie sich vorab in einen aufnahmebereiten Zustand.	• Wenn ein wichtiges Gespräch bevorsteht: Versetzen Sie sich vorab in einen aufnahmebereiten Zustand.
• Wenn Sie während eines Gesprächs in Bedrängnis geraten, stellen Sie innerlich Distanz her.	• Wenn Sie während eines Gesprächs in Bedrängnis geraten, stellen Sie innerlich Distanz her.

Grenzen wahren

So bleiben Sie sicher bei Manipulationsversuchen

Übung 25
20 min

Nicht alle Gesprächspartner sind vorrangig an vernünftiger Zusammenarbeit und guten Arbeitsergebnissen interessiert. Manche heucheln, geben an und wollen ihre eigenen Interessen auf Ihre Kosten durchsetzen. Dazu werden in manipulativer Absicht Gesprächstechniken eingesetzt, die Sie einschüchtern oder verwirren sollen.

Bitte lesen Sie zuerst alle unten aufgeführten Beispiele und stellen Sie sich dann für jedes Beispiel eine Situation aus Ihrem Berufsleben vor, in der Sie etwas vorgeschlagen und als Entgegnung solch eine Formulierung erhalten haben.

Formulieren Sie dann eine Ihnen passend erscheinende, selbstsichere Antwort und schreiben Sie diese in wörtlicher Rede auf.

- Sie wollen doch nicht etwa behaupten, dass ...
- Wie können Sie nur ...?
- Wir wollen doch alle ...
- Wir wissen doch alle, dass ...
- In Wirklichkeit haben wir es doch mit ... zu tun.
- Das zeigt doch der gesunde Menschenverstand ...
- Es ist doch klar, dass ...
- Die professionellen Standards erfordern doch, dass ...

Lösung

Eine genau richtige Antwort, die für alle Situationen passt, gibt es bei unfairen Techniken nicht. Unten finden Sie einige Möglichkeiten zu reagieren, ohne sich von der eigenen Ansicht abbringen zu lassen.

Polemische Suggestiv-Fragen bauen eine Front auf: Sie unterstellen, die aufgestellte Behauptung sei ungewöhnlich, anstößig, falsch, auf jeden Fall nicht erwünscht.

Sie wollen doch nicht etwa behaupten, dass ...?
Antworten:

– Doch, das tue ich.

– Doch, das behaupte ich, und zwar weil ...

Wie können Sie nur ...?
Antwort: Sie scheinen das verwunderlich zu finden.

Angebliche Gemeinsamkeiten ziehen Sie in Positionen hinein: Es werden Ihnen gemeinsame Interessen, Meinungen oder Werte unterstellt.

Wir wissen doch alle, dass ...
Antwort: Nein.

Behauptete Tatsachen: Meinungen oder Allgemeinplätze werden als Tatsachen ausgegeben. Widersprechen Sie oder fragen Sie nach den Argumenten und Belegen.

In Wirklichkeit haben wir es doch mit ... zu tun.
Antwort: Können Sie das belegen?

Das zeigt doch der gesunde Menschenverstand ...
Antwort: Bitte nennen Sie Argumente.

Es ist doch klar, dass ...
Antwort: Was genau ist klar und warum?

Imponiergehabe: Ein Mangel an Argumenten wird durch vorgebliche Kennerschaft kaschiert durch vage Hinweise auf unterstellte gemeinsame Maßstäbe, Vorbilder oder Autoritäten.

Die professionellen Standards erfordern doch, dass ...
Antwort: Bitte sagen Sie präzise, worauf Sie sich beziehen.

Senderperspektive	Empfängerperspektive
Prüfen Sie, ob es ausreicht, die manipulative Äußerung zu ignorieren, falls nicht:	Unterscheiden Sie zwischen Meinung und Argument: Wenn jemand Sie mit Meinungen abspeisen will, anstatt zu argumentieren, oder Sie argumentativ vereinnahmen will, ist es am wichtigsten, diese Taktik zu bemerken.
– schaffen Sie sich Zeit zum Nachdenken, indem Sie nachfragen, oder	
– fordern Sie sachliche Argumente von Ihren Gesprächspartnern.	Entscheiden Sie, wie Sie reagieren wollen.

Wo liegen Ihre Stärken?

Wenn Sie zu denjenigen Menschen gehören, die schnell Widersprüche entdecken, können Sie mit Versuchen, Sie argumentativ zu bedrängen, gelassen umgehen. Sie sollten sich aber hin und wieder fragen, ob Sie selbst manche Gesprächspartner, besonders solche, die noch nicht selbstsicher genug sind, durch Ironie oder Äußerungen, die abschätzig klingen, gelegentlich in Bedrängnis bringen.

Wenn Argumentation noch nicht Ihre starke Seite ist, dann verlassen Sie sich auf Ihr Gespür für Unstimmigkeiten und nehmen Sie jedes Signal Ihres intuitiven Wissens ernst, das Sie auf unlautere Absichten anderer hinweist. Allein dies bewusst wahrzunehmen stärkt Ihre Selbstsicherheit.

Die Macht der Worte bewusst machen: integres Sprechen

Über andere reden

Übung 26
🕐 **20 min**

Bitte lesen Sie die nachfolgenden Beispielsätze und beobachten Sie, wie sie auf Sie wirken. Notieren Sie sich Ihre Reaktionen und überlegen Sie, welche Folgen solche Äußerungen haben können, für Sie selbst und für eine Zusammenarbeit mit den Personen, von denen die Rede ist.

Welche Begriffe kennzeichnen diese Art von Kommunikation? Wie denken Sie darüber?

- Frau Dr. Mainzer hat schon wieder einen neuen Wagen.
- Man sollte etwas dagegen unternehmen.
- Herr X. ist schon wieder krank. Hat er nicht begonnen, ein Wochenendhaus zu bauen?

Lösung

Die Sätze sind jeweils Beispiele für spezielle Arten indirekter Kommunikation, in aufsteigender Schädlichkeit:

- Flurfunk, Klatsch und Tratsch
- Unpersönliche Man-Sätze
- Unterstellung (Insinuation)

Klatsch und Tratsch gedeihen in allen Organisationen. Klatsch hat eine soziale Funktion, er wirkt als Ventil bei Unzufriedenheit und als verbindendes Thema. Über andere zu klatschen kann entlastende Wirkung haben, wie sie im Wort „abläster" anklingt. Gravierende Unzufriedenheiten und Kritik klären Sie besser in einem direkten Gespräch.

Indirektes und unpersönliches Reden ist häufig einer vermeintlichen Sachlichkeit verpflichtet und wird gebraucht, um im Smalltalk nicht zu offensiv zu wirken. Solche Aussagen haben jedoch entscheidende Nachteile: Sie lassen im Unklaren, wer mit „man" gemeint ist, und sie vernebeln Verbindlichkeit und Verantwortlichkeiten, indem sie offen lassen, ob eine und wenn ja, welche Art von Aktivität daraus folgen wird oder sollte (siehe dazu die nächste Übung).

Eine Unterstellung vermeidet klare Behauptungen, auf die man festgelegt werden könnte, wie z. B. „Das und das liegt im Argen. Hier ist etwas nicht in Ordnung." Eine besonders heimtückische Art, etwas zu unterstellen, verbindet zwei Tatsachenfeststellungen und überlässt es dann den Hörern, einen Schluss daraus zu ziehen. Seien Sie vorsichtig im Umgang mit Menschen, die so reden.

Formulieren Sie direkt und verbindlich

Übung 27

 **10 min**

Wie könnten sich folgende unpersönliche Aussagen als direkte Aussagen anhören? Denken Sie sich jeweils einen Kontext aus und experimentieren Sie mit den Bedeutungsunterschieden.

- Man muss Selbstdisziplin üben.
- Was soll man davon halten?
- Man hat da ja einiges gehört.
- Man fragt sich, ob das falsch war.
- Man muss das nicht mitmachen.
- Man ist sich nicht sicher, was er meint.

Lösung

- Für Sie wäre es wichtig, mehr Selbstdisziplin zu üben.

- Ich weiß nicht, wie ich das einordnen soll.

- Ich habe gehört, dass ... Ist das richtig?

- Was halten Sie von dieser Entscheidung?

- Ich würde Ihnen raten, gut zu überlegen, ob Sie dabei mitmachen.

- Ich weiß nicht, was er meint.

Praxistipps

Ich-Botschaften – aber nicht exzessiv

Wenn Sie anderen ermöglichen wollen, Sie einzuschätzen und zu verstehen, sollten Sie sich nicht hinter allgemeinen Aussagen wie „man müsste", „man könnte" oder „man sollte" verstecken, es sei denn, Sie haben einen guten Grund dafür. Verfallen Sie aber auch nicht in das andere Extrem, indem Sie ausschließlich per Ich-Botschaften sprechen und Ihrer Umgebung durch das ständige Mitteilen Ihrer Meinung und Ihrer Befindlichkeit auf die Nerven gehen. In der Regel erleichtert direkte Kommunikation das Verstehen. Jedoch wird keine Regel Sie davon entheben, selbst einschätzen zu müssen, was jeweils in einer Situation am besten passt.

Vermeiden Sie es, über andere schlecht zu reden

Über andere schlecht zu reden geschieht aus Motiven wie Unachtsamkeit, Lust am Tratsch, um selbst besser dazustehen, um sich interessant zu machen oder durch gezielte Aggressivität. Wenn Sie jemanden über andere schlecht reden hören, müssen Sie befürchten, dass dieser Mensch auch über Sie schlecht redet. Auf diese Art wird Vertrauen abgebaut. Wenn Sie auf effektive und angenehme Zusammenarbeit Wert legen, dann vermeiden Sie es, anderen mit Worten zu schaden; Sie schaden sich dadurch selbst.

Machen Sie sich selbst nicht schlecht

Worte erzeugen Wirkungen – auch wenn Sie mit sich oder über sich selbst sprechen. Indem Sie sich schlecht machen, setzen Sie sich nicht nur in den Augen Ihrer Gesprächspartner herab, Sie verletzen sich auch selbst. Selbstbeschimpfungen wie „Ich bin aber auch ein ungeschicktes Etwas" oder „Das kann aber auch nur mir passieren" signalisieren Unterwürfigkeit. Auch wenn Sie es selbstironisch meinen, unterminieren Sie dadurch meist Ihre Kraft. Setzen Sie einen beschwichtigenden inneren Satz an die Stelle wie „Das kann schon mal passieren" oder „Fehler kommen vor – beim nächsten Mal mache ich es besser". Damit akzeptieren Sie, dass etwas nicht nach Ihren Vorstellungen gelaufen ist, und stärken sich dafür, das zu tun, was zu tun ist.

Wenn Sie lernen, mit sich selbst gnädig und fürsorglich umzugehen, fällt es Ihnen leichter, Selbstherabsetzungen zu stoppen. Das umfasst auch das Bewusstsein, erkannte Mängel nicht per Beschluss abstellen zu können. In Momenten, in denen Sie sich Ihrer Kraft und Ihres Könnens weniger bewusst sind, wird Ihnen Verständigung nicht immer gelingen.

Senderperspektive	Empfängerperspektive
• Sprechen Sie persönlich und lassen Sie erkennen, was Sie meinen und wozu Sie stehen.	• Wenn Sie bei wichtigen Themen überschwemmt werden von unpersönlichen Äußerungen wie: „Man sollte ...", „Man müsste ...", „Man sieht doch ...", fragen Sie nach der Position des Senders in dieser Sache.
• Reden Sie nicht schlecht über diejenigen, mit denen Sie zusammenarbeiten. Sie setzen damit Ihre eigene und die Achtung anderer aufs Spiel, vergiften die Atmosphäre, tragen zu einem Klima von Misstrauen bei und disqualifizieren sich selbst.	• Lehnen Sie es ab, zuzuhören, wenn Ihnen negative Vermutungen und Unterstellungen über andere zugetragen werden.
• Reden Sie ebenso wenig schlecht über sich selbst.	• Wenn Ihnen zugemutet wird, Gerüchte anzuhören, sagen Sie, dass Sie das nicht wollen, notfalls verlassen Sie den Raum.

Leitlinien für direkte Kommunikation

- Sagen Sie nur, was Sie wirklich meinen.
- Sprechen Sie persönlich.
- Falls Sie über andere sprechen: Sagen Sie nichts, was Sie nicht auch in deren Gegenwart sagen würden.
- Sprechen Sie nie schlecht über sich selbst.

Arbeitsgespräche in Teams und Gruppen

In diesem Kapitel erfahren Sie,

- wie Sie mit klarer Orientierung und gutem Informationsfluss die Arbeitsfähigkeit eines Teams steigern können,
- worauf es bei einer gelungenen Präsentation ankommt und
- wie Sie Teambesprechungen zielorientiert leiten.

Darum geht es in der Praxis

Gesprächssituationen in Gruppen stehen im Fokus dieses Kapitels. Sie trainieren hier, Ergebnisse klar zu präsentieren und Besprechungen zügig zu leiten.

Unabhängig davon, ob Sie als Führungskraft oder als Teammitglied handeln: Nützlich ist, sich zunächst selbst darüber klar zu werden, was Sie in einer bestimmten Situation bewirken wollen. Und was die anderen Beteiligten dazu brauchen.

Sich in Gruppen orientieren

Was ist hier selbstverständlich?

Wahrscheinlich verbringen Sie einen großen Teil Ihrer Arbeitszeit zusammen mit anderen Menschen. Und vielleicht haben Sie schon einmal beobachtet, dass Menschen in Gruppen sich anders verhalten, als wenn Sie sie allein treffen.

Erinnern Sie sich an die allerersten Stunden, die Sie in einer Ihnen neuen Gruppe verbracht haben, z. B. in einem neuen Arbeitsteam, bei einer neuen Stelle, auf einer Messe oder auch zu Beginn eines Trainings, eines Seminars oder beim ersten Treffen einer Sportgruppe.

Wie haben Sie sich dabei gefühlt, neu zu sein und von den anderen Anwesenden (kaum) jemanden zu kennen? Was haben Sie gedacht? Welche Fragen haben Sie sich innerlich gestellt? Welche haben Sie denen gestellt, die schon vor Ihnen da waren?

Lösung

Derartige Situationen sind meist mit ein wenig Nervosität und Unsicherheit verbunden. Zu den Fragen, die Ihnen dann vielleicht durch den Kopf gehen, könnten gehören:

- Wer tut was, hat welche Aufgaben und Funktionen?
- Was an Arbeitsabläufen, Themen kenne ich?
- Wer ist besonders wichtig? Wessen Meinung zählt?
- Wie verhält man sich hier? Was muss ich tun oder darf ich nicht tun, um akzeptiert zu werden?

Praxistipps

Wenn Sie als neu Hinzukommender gute Arbeitsergebnisse einer Gruppe fördern wollen, beachten Sie, welche Normen herrschen. Falls Sie sich schon auskennen, können Sie Neue rasch integrieren, indem Sie deren unausgesprochene Fragen beantworten und die herrschenden Regeln erklären.

Was ist Ihre Stärke?

Wenn Sie neue Menschen und Gruppen genießen, können Sie das Arbeitsergebnis fördern, indem Sie Gruppenmitglieder einbeziehen, denen der Umgang mit vielen und unbekannten Menschen nicht so leicht fällt. Wenn Sie lieber allein arbeiten und sich nur notgedrungen in Gruppen begeben, sorgen Sie selbst dafür, sich damit nicht zu überfordern, sodass Sie zwischendurch für sich allein sein können. Wenn Sie damit von der Gruppennorm abweichen, erklären Sie den anderen, dass dies eine für Sie notwendige Arbeitsbedingung ist.

Öffentlich sicher auftreten

Ergebnisse präsentieren

Übung 29

🕐 **10 min**

Vor öffentlichen Auftritten Lampenfieber zu haben ist normal. Gestehen Sie sich diese Art von Angst ruhig zu. Sie ist da, Sie müssen hindurch und Sie werden lernen, sie zu regulieren, indem Sie sich an Gelegenheiten erinnern, in denen Ihnen ähnlich Schwieriges bereits gelungen ist.

Bitte erinnern Sie sich an Situationen öffentlicher Rede, die Sie erlebt haben, z. B. bei kleineren oder größeren Veranstaltungen, in Seminaren oder Fortbildungen, bei Festen.

- In welchen Situationen haben Sie besonders gern, konzentriert und aufmerksam zugehört? Notieren Sie die Umstände, an die Sie sich erinnern.

- Wenn Sie nun an andere Situationen denken, in denen Sie nicht gern oder nur mit Mühe zugehört haben, was hat dazu beigetragen? Notieren Sie die Bedingungen oder Verhaltensweisen des Redners oder der Rednerin.

Lösung

Neben persönlichen Vorlieben und Abneigungen, die Ihnen das Zuhören erleichtern oder erschweren können, treffen die folgenden Bedingungen für viele Menschen zu:

Was gutes Zuhören fördert	... und behindert
▪ Ein eigenes Interesse am Thema oder am Ergebnis	▪ Innere Ablenkung (Beschäftigtsein mit eigenen Themen)
▪ Ein aufmerksamer, entspannter Zustand, der die eigene Konzentration ermöglicht	▪ Innerer Druck (Termindruck, Sorgen)
▪ Eine angenehme und die Aufmerksamkeit unterstützende Atmosphäre	▪ Körperliche Bedürfnisse (Müdigkeit, Hunger, Durst, Harndrang)
▪ Passende visuelle Unterstützung des gerade Gehörten	▪ Latente Spannungen zwischen den Anwesenden
▪ Wohlwollen oder Sympathie für die Redenden	▪ Äußere Einflüsse (Ablenkung, Unterbrechungen, Zugluft, Krach)
	▪ Verhaltensweisen des Vortragenden, die vom Inhalt ablenken (z. B. leises Sprechen, mangelnder Kontakt zum Publikum, unzureichende Visualisierung)

Übertragen Sie die Auswertung Ihrer Erfahrungen auf eine Präsentation: Einen großen Teil der Bedingungen, dass andere Menschen Ihnen zuhören, können Sie steuern. Sie haben Möglichkeiten, die Rahmenbedingungen zu gestalten, den Inhalt Ihrer Präsentation und Ihr Auftreten. Entlastend ist, daran zu denken, dass Sie nicht das komplette Geschehen steuern können: Die inneren Zustände anderer Menschen sind nur begrenzt beeinflussbar. Diese Erkenntnis schützt vor Frustration, falls Sie andere nicht erreichen – es muss nicht an Ihrem Auftritt liegen. Wenn ein Zuhörer Sie gerade grimmig anschaut, plagen ihn vielleicht Zahnschmerzen oder er macht sich Gedanken über ein unangenehmes Gespräch.

Praxistipps

Senderperspektive: Zwei unverzichtbare Voraussetzungen, Ihre Zuhörer wirksam zu erreichen: Sie wissen, wovon Sie reden. Sie sind an Ihrem Publikum wirklich interessiert.

Empfängerperspektive: Mit einem Teil Ihrer Aufmerksamkeit bei Ihrem Publikum bleiben, um reagieren zu können.

Was ist Ihre Stärke?

Wenn Sie viele Details eines Themas kennen und vermitteln möchten, dann denken Sie daran, für diejenigen Zuhörer, die zuerst einen Überblick brauchen, zunächst eine knappe Übersicht zu geben und zum Schluss die Inhalte noch einmal zusammenzufassen und zu gewichten. Wenn Sie ein Mensch sind, der vor allem einen Gesamteindruck vermitteln möchte, dann halten Sie für diejenigen, die an Zahlen, Daten und Fakten besonders interessiert sind, solches Material bereit und suchen Sie anschauliche Beispiele aus.

Besprechungen zielorientiert leiten

Teambesprechungen zielgerichtet leiten

Übung 30
 **30 min**

1. Schritt: Skizzieren Sie bitte zunächst Ihre Organisation in Form eines Organigramms oder eines Mindmap: Welchen Zweck verfolgt sie (Dienstleistung für ..., Produktion von ...)? Welche Gruppen von Beteiligten gibt es (Kunden, Vertriebspartner, ...)? Wo sind Sie mit Ihren Aufgaben und Funktionen angesiedelt? Und an welchen Besprechungen nehmen Sie teil?

2. Schritt: Erinnern Sie sich nun an die letzten Besprechungen (etwa die letzten vier), an denen Sie beteiligt waren: Was war der Zweck der Besprechungen? Was haben diese Besprechungen dazu beigetragen, den Zweck Ihrer Organisation zu erreichen?

Schätzen Sie den Nutzen dieser Besprechungen auf den folgenden Skalen von 1 bis 10:

1 10   Besprechungsart: ....

1 10   Besprechungsart: ....

1 10   Besprechungsart: ....

1 10   Besprechungsart: ....

Dabei steht 1 für „vernachlässigbar" und 10 für „hervorragend, die Zwecke der Organisation unterstützend".

Listen Sie jetzt bitte auf, was Ihrer Meinung nach die Eigenschaften einer für das Unternehmen guten und für Sie nützlichen Besprechung sind.

Lösung

Kennzeichen einer nützlichen Besprechung:

- Allen Beteiligten ist das Ziel der Besprechung klar.
- Es sind nur Teilnehmer anwesend, die für das Erreichen dieses Ziels benötigt werden.
- Es gibt eine Tagesordnung, die allen gegenwärtig ist.
- Alle Beteiligten setzen sich dafür ein, das Ziel der Besprechung zu erreichen.
- Das Besprechungsklima ist konstruktiv und engagiert.
- Ergebnisse werden schriftlich festgehalten.
- Allen Anwesenden ist am Ende der Besprechung klar, welche Ergebnisse erzielt wurden und wie damit weiter verfahren wird.
- Die Besprechung ist fest terminiert, sie beginnt und endet pünktlich.

Praxistipps

Gute Besprechungen sind ein Mittel, um das Unternehmensziel zu erreichen. Der Hebelpunkt mit der größten Wirkkraft sind die Fragen „Warum sitzen wir hier zusammen?" und „Was soll nach der Besprechung anders sein als vorher?".

Auch als Teilnehmer können Sie viel zum Gelingen einer Besprechung beitragen: Stellen Sie sich und den anderen Beteiligten die Frage nach dem Besprechungsziel. Dies mag banal klingen, doch dieser Faktor geht im Trubel des Alltagsgeschäfts oft unter.

Komplexe Besprechungen gründlich vorbereiten

Übung 31

 **15 min**

Ort: Eine selbstständige Buchhandlung mit 14 Mitarbeiterinnen und Mitarbeitern, der Schwerpunkt liegt im Internetbuchhandel. Auch bei der Sitzung an diesem Montag soll die wöchentliche Aufgabenverteilung besprochen werden.

Sören Siebel war in der vergangenen Woche bei einem auswärtigen Großkunden. Darüber will er berichten und Aufgaben, die er mitgebracht hat, verteilen.

Natalie Weiß wird einen Vortrag auf der Veranstaltung einer kooperierenden Unternehmensberatung halten und braucht für die Vorbereitung Unterstützung.

Thekla Sonnenborn hat vor, die Folgen der drohenden Aufhebung der Buchpreisbindung zu thematisieren, weil sie sieht, dass eine rechtzeitige Vorbereitung darauf für das Unternehmen überlebenswichtig ist.

Felix Manuola ist für den Personalbereich zuständig und würde gern seine Erfahrungen mit dem neuen Konzept der Mitarbeiter-Feedback-Gespräche mit den anderen reflektieren und seine Kollegen klar auf dieses Konzept verpflichten.

Stellen Sie sich vor, Sie gehören zu diesem Leitungskreis und hätten turnusgemäß die Aufgabe, diese Sitzung zu leiten. Ihre Vorbereitungszeit ist knapp. Wie bereiten Sie sich vor?

Lösung

Folgende Gesichtspunkte sind unerlässlich:

Sie haben das Ziel der Sitzung klar vor Augen und schriftlich fixiert, z. B.: „Um 12 Uhr haben wir die Feinplanung der Woche beendet, und das bedeutet

- die Prioritäten für die Aufgaben dieser Woche festgelegt,
- die damit verbundenen Aufgaben verteilt und
- die dafür nötigen Mitarbeiter mit geschätzten Zeitkontingenten zugeordnet."

Sie haben sich selbst klar gemacht, was Ihr eigenes Besprechungsziel ist (da Sie ja gleichzeitig die Besprechung leiten und inhaltliche Interessen vertreten) und was genau Sie von Ihren Kollegen brauchen, um Ihren Job gut zu erledigen.

Sie haben dafür gesorgt (durch eine eingespielte Routine oder durch Nachfragen), dass Sie schon am Freitag die Besprechungswünsche Ihrer Kollegen kennen und ordnen sie den verschiedenen Kategorien zu:

- Sören Siebel geht es darum, dass alle seine Informationen über den wichtigen Kunden zur Kenntnis nehmen. Davon abgesehen müssen Sie entscheiden, wie Sie das Personal für die mitgebrachten Aufgaben einsetzen.
- Natalie Weiß braucht Ideen für ihren Vortrag, es geht um Meinungsbildung, welche Geschichten aus Ihrer Firma beim Publikum imagewirksam ankommen werden.

- Thekla Sonnenborns Thema soll eine spätere Entscheidung vorbereiten.

- Felix Manuola wünscht sich Reflexion, will aber auch auf die klare Entscheidung hinaus, dass das eingeführte Konzept von allen umgesetzt wird.

Praxistipps

Welcher Tagesordnungspunkt erfordert welche Aktivität? Benennen Sie – für alle sichtbar und hörbar – was die Teilnehmer tun sollen: Informationen anhören, Ideen sammeln, Meinung bilden, Entscheidungen treffen.

Wenn allen klar ist, was von ihnen erwartet wird, vermeiden Sie unnützes Reden. Außerdem ist es nützlich, folgende Rahmenbedingungen zu beachten:

- eine Tagesordnung zu erstellen,

- die Rahmenbedingungen (Raum und Zeit) zu überprüfen, soweit sie bei Routinebesprechungen nicht festliegen,

- zu Ihrem Thema Unterlagen oder Präsentationen vorzubereiten und

- die Beschlusskontrolle der vorigen Sitzung vorzunehmen.

Schwierige Gespräche erfolgreich führen

In diesem Kapitel erfahren Sie, wie Sie

- Kritik souverän anhören und konstruktiv äußern,
- unangenehme Nachrichten mitteilen und
- mit Beschwerden kompetent umgehen.

Darum geht es in der Praxis

Die Inhalte dieses Kapitels verbindet, dass sie Druck, Angst, Nervosität oder andere starke Gefühle auslösen können, und zwar sowohl bei Ihnen als auch bei Ihren Gesprächspartnern.

Unter diesen Umständen besteht Ihre Sozialkompetenz darin, die Sach-Logik der betrieblichen Belange mit der Psycho-Logik der beteiligten Akteure zu verbinden. Sie finden hier Trainingsmöglichkeiten für Situationen, in denen Sie mit Kritik, Konflikten, Angriffen oder Reklamationen konfrontiert sind.

Sie können durch die Übungen in diesem Kapitel auch lernen, sich abzugrenzen und auf vorhersehbare Reaktionen vorzubereiten.

Kritik souverän anhören

Kritik annehmen können

Übung 32
10 min

Durch Kritik geraten viele Menschen in innere Bedrängnis, doch: Fehler kommen vor. Und die Ungelegenheiten, die durch Fehler und Missverständnisse verursacht werden, waren dann nicht vergeblich, wenn alle Beteiligten daraus lernen. Zu sozialkompetentem Verhalten im Beruf gehört, Kritik annehmen zu können, ohne beleidigt zu sein, und Kritik so zu äußern, dass sie die Zusammenarbeit vorwärts bringt.

Durch welche Verhaltensweisen können Sie, wenn Sie kritisiert werden, angemessen reagieren und eine gute Zusammenarbeit fördern? Erinnern Sie sich an die Grundvoraussetzungen gelungener Kommunikation, die Sie bisher trainiert haben, und notieren Sie die Verhaltenweisen, die Sie für wichtig halten.

Lösung

Kritik zu hören ist eine alltägliche Gesprächssituation: Eine andere Person teilt Ihnen etwas mit, um ein bestimmtes Ergebnis oder Verhalten zu erreichen. Wer Kritik annehmen kann, zeigt Souveränität. Fehler kommen vor. Wenn Sie, anstatt z. B. abzuwiegeln, wahrnehmen, was ein anderer wahrgenommen hat, ist das der erste Schritt, um Fehler künftig zu vermeiden. Es geht also für Sie zunächst einmal um genaues Verstehen. Bei jeder Kritik ist es wichtig,

1 gut zuzuhören,

2 erst dann die eigene Antwort zu überlegen, wenn Ihr Gegenüber ausgeredet hat,

3 den Sachverhalt zu klären, indem Sie genau nachfragen und sich vergewissern, dass Sie richtig verstanden haben, was Ihr Kritiker genau meint und will,

4 gemeinsam eine geeignete Lösung zu verabreden.

Praxistipps

Besonders im beruflichen Umfeld ist Kritik nur selten wirklich persönlich gemeint. Meist bezieht sie sich auf Ihr Verhalten oder Ihre Arbeitsergebnisse. Auch wenn Sie innerlich unwillkürlich mit Ärger, Schreck oder Gekränktsein reagieren, aktivieren Sie Ihre nüchterne Beurteilungskraft und schauen Sie auf das, was die Kritik erreichen soll.

Wie Sie zuhören und wie Sie mit Kritik umgehen, hängt miteinander zusammen. Zuhören kann unaufmerksam, gleichsam mechanisch erfolgen: während Sie z. B. ungeduldig abwarten, dass Sie selbst etwas sagen können, oder sich schon Ihre Antwort zurechtlegen. Das ist normal und in entspannten Situationen ausreichend – nur Weise können unentwegt aufmerksam sein.

Besonders in Kritiksituationen ist es nützlich, auf innere Nebenschauplätze zu verzichten. Wenn Sie also in entspannten Situationen innerlich bewusst auf „Zuhören" umschalten, trainieren Sie Ihre Fähigkeit, auch unter erschwerten Bedingungen Ihre Reaktionen zu steuern.

Gefühle bei Kritik wahrnehmen

Übung 33

⏱ **20 min**

Erinnern Sie sich bitte an einen Anlass, bei dem Sie kritisiert wurden. Wer die Kritik ausgesprochen hat, ist unerheblich – ein Kollege, Ihre Chefin, Ihr Partner oder eine Nachbarin.

Lassen Sie nun vor Ihrem inneren Auge die Szene ablaufen: Wo fand sie statt? Wer war dabei? Was war vorausgegangen? Schreiben Sie, was Ihnen einfällt, in Stichwörtern auf.

Und nun richten Sie Ihre Aufmerksamkeit auf das in dieser Aufgabe Wichtigste: Wie ist es Ihnen innerlich dabei ergangen? Was haben Sie gedacht, was gefühlt, als Sie die kritischen Worte über sich hörten? Welche Impulse hatten Sie? Und wie haben Sie dann reagiert?

Schreiben Sie etwa zehn Stichwörter zu Ihren inneren Reaktionen auf Kritik auf und notieren Sie, wie Sie sich diese Empfindungen erklären.

Lösung

Wahrscheinlich haben Sie sich an unangenehme Gefühle und Gedanken erinnert, möglicherweise stehen einige dieser im Folgenden genannten Reaktionen auf Ihrer Liste:

- Unbehagen, Ärger, Ungeduld
- Erschrecken, Angst, Panik, schnelleres Atmen
- Blut, das in den Kopf steigt
- Der Impuls, das kritisierte Verhalten abstreiten zu wollen

- Weghören oder aus dem Raum gehen wollen
- Inneres Rechtfertigen
- Das Gefühl, etwas falsch gemacht zu haben
- Schuldbewusstsein
- Sich klein und mickrig vorkommen
- In sich zusammensinken
- Wut auf den anderen, der Impuls laut zu werden

Praxistipps

Vielleicht sind Ihnen aber auch Sätze eingefallen wie: „Bloß das jetzt nicht!", „Das will ich gar nicht hören", „Na und! Das ist doch nicht schlimm." Solche und ähnliche Reaktionen teilen Sie mit vielen anderen Menschen. Sie entstehen, wenn jemand sich bedroht fühlt.

Und häufig wird Kritik persönlich genommen und automatisch, das heißt schneller, als wir denken können, mit Bedrohung gleichgesetzt. Menschen reagieren auf Bedrohung mit Angriff, Flucht oder Erstarren. Dieses evolutionär erworbene Programm schützt in lebensbedrohlichen Situationen, engt jedoch Ihre Handlungsfähigkeit erheblich ein: Sie können nicht so gut entscheiden, welche Informationen Sie vielleicht noch brauchen, um vernünftig reagieren zu können. Und schlimmer: Ihre verbale Verteidigung wird von Ihrem Kritiker rasch gleichfalls als Angriff empfunden und schon erzeugen Sie beide – unbeabsichtigt – eine sich emotional aufheizende Spirale von Angriff und Gegenangriff.

Neues Denkprogramm

Übung 34
🕐 **15 min**

Sich bei Kritik angegriffen zu fühlen, ist also aus biologischen Gründen weit verbreitet – diese Reaktionen zu steuern ist eine zivilisatorische Leistung. Wenn Sie lernen, diese automatischen Reaktionen zu kontrollieren, erwerben Sie kommunikative Kompetenz. Sie können trainieren, das reflexartig auftretende Bedürfnis, sich auf der Stelle zu verteidigen, aufzuschieben.

1 Stellen Sie sich noch einmal ganz detailliert eine Situation vor, in der Sie kritisiert werden.

2 Wenn Sie Ihre üblichen inneren Reaktionen auf Kritik lebhaft spüren, verweilen Sie einen Moment dabei und nehmen Sie sie genau wahr.

3 Schalten Sie jetzt ein neues inneres Denkprogramm ein, zunächst nur eine Haltung innerer Neugier, die beispielsweise sagt: „Aha, so fühlt sich das also an."

4 Und nun stellen Sie sich vor, Sie schieben alle diese Gedanken sanft zur Seite, etwa mit dem inneren Satz: „Okay, das erschreckt mich jetzt. Aber ich will doch erst einmal wissen, um was genau es geht."

Gehen Sie diese vier Schritte mehrmals innerlich durch.

Lösung

Jetzt, nachdem Sie Ihre inneren Abläufe bei Kritik genau erkundet haben, können Sie sich vielleicht vorstellen, dass das Regulieren dieses kleinen inneren Aufruhrs Sie so beschäftigt, dass Sie währenddessen nicht aufnehmen, was Ihr Kritiker gerade sagt. Das führt dann leicht zu Missverständnissen, die in emotional aufgeladenen Situationen – und Kritik ist immer mit Emotionen verbunden – verschärfend wirken können. Sie können sich mental auf unvorhergesehene Kritiksituationen vorbereiten, wenn Sie diese einige Male im Kopf durchspielen. Die Wirkung erfahren Sie, wenn Sie das nächste Mal überraschend kritisiert werden. Dann ist eine zusätzliche neue Reaktionsweise angebahnt, die Sie jedes Mal verstärken, wenn Sie sie nutzen: Sie haben Distanz gewonnen und können auf Wahrnehmen und Zuhören umschalten. Diese Methode nennt man Mental-Training. Sie wird auch im Hochleistungssport angewandt. Das mentale Training wirkt, wie jedes andere Training, durch die stetige Wiederholung.

Praxistipp: Trainingsprogramm

- Mit welcher Art von Kritiksituation wollen Sie besser umgehen lernen?
- Wer kritisiert Sie in dieser Situation?
- Wie genau wollen Sie stehen oder sitzen, wie Ihr Gegenüber ansehen?
- Welche Fragen wollen Sie stellen, um genau zu erfahren, was Sie besser machen können?
- Mit welchen Worten bedanken Sie sich für die Kritik?

Was ist Ihre Stärke?

Auch Kritiksituationen werden von verschiedenen Menschen ganz unterschiedlich erlebt.

Wenn Sie überwiegend sehr nüchtern urteilen, macht es Ihnen wahrscheinlich weniger aus, kritische Bemerkungen über sich zu hören. Dann sollten Sie daran denken, dass andere Menschen gerade auf Kritik ganz anders reagieren können, und besonders aufmerksam sein, wenn Sie in der Rolle des Kritikers sind: Was Sie als knappes, sachliches Feedback einordnen, löst bei Ihrem Gegenüber vielleicht heftige emotionale Reaktionen aus, die Sie nicht erwartet haben.

Reagieren Sie eher emotional, manchmal auch leicht beleidigt auf Kritik, können Sie üben, angemessener damit umzugehen. Kritik ist nicht zwangsläufig als persönlicher Angriff gemeint. Lernen Sie, persönliche und sachliche Anteile einer Kritik zu unterscheiden, und konzentrieren Sie sich im beruflichen Umfeld auf den sachlichen Aspekt der Kritik.

Wenn andere Sie kritisieren, heißt das nicht, dass sie Sie nicht mögen. Auch Menschen, die Sie als Person sehr schätzen, können Grund dazu haben, mit Ihren Arbeitsergebnissen oder einzelnen Verhaltensweisen unzufrieden zu sein, oder Verbesserungsmöglichkeiten sehen, die Ihnen und dem Betrieb nützen könnten. Klären Sie auf jeden Fall genau, was Ihre Chefin oder Ihr Chef, Ihr Kollege oder Ihre Kollegin von Ihnen braucht. Möglicherweise ist es weniger, als Sie zunächst meinen.

Konstruktiv Kritik üben

Kritik zur Verbesserung der Zusammenarbeit

Übung 35
5 min

Fehler kommen vor. Und wenn alle Beteiligten daraus lernen, waren die verursachten Ungelegenheiten nicht vergeblich. Sie investieren also gut, wenn Sie Ihre Energie nicht in den Ärger stecken: Angemessene Kritik ist Fehlervorsorge.

Allerdings wird niemand gern kritisiert und Kritik zu äußern ist ebenfalls für die meisten Menschen etwas Unangenehmes. Deshalb wird sie oft vermieden.

Bitte notieren Sie vier Aspekte dazu, was angemessene Kritik Ihrer Ansicht nach im Berufsleben bewirken soll.

Lösung

Kritik im Berufsleben dient dazu,

- Fehler und Fehlerquellen aufzudecken,
- Verbesserungsmöglichkeiten zu prüfen,
- Lösungen zu finden,
- zukünftigen Fehlern vorzubeugen.

Wenn Ihre Kritik diesen Zielen dient, ist sie wesentlicher Bestandteil eines wirksamen Qualitätsmanagements; sie hilft, gute Arbeitsergebnisse zu gewährleisten, und fördert ein Klima, das von respektvoller Zusammenarbeit geprägt ist.

Wie sieht Ihr Kritikstil aus? Übung 36
🕐 10 min

Überprüfen Sie anhand Ihrer Erfahrungen, wie Sie sich verhalten, wenn Sie andere kritisieren. Bitte erinnern Sie sich an eine Situation in den letzten vier Wochen, in der Sie jemanden kritisiert haben, und beantworten Sie für sich folgende Fragen:

- Wie haben Sie kritisiert?
- Was haben Sie damit beabsichtigt?
- Wie, glauben Sie, hat Ihre Kritik auf Ihr Gegenüber gewirkt?
- Haben Sie Ihre Absicht erreicht?
- Haben Sie schon einmal ein Feedback zu Ihrem Kritikstil bekommen?

Lösung

Wenn Sie Kritik oft nicht aussprechen, vergeben Sie sich Möglichkeiten, gemeinsame Arbeitsergebnisse zu verbessern. Doch Ungesagtes brodelt unter der Oberfläche, bindet Energie und wirkt kontraproduktiv. Scheuen Sie sich deshalb nicht, klar und deutlich anzusprechen, was Sie an Verbesserungsbedarf sehen. Wenn Sie dazu neigen, alles, was als Kritik aufgefasst werden könnte, sehr vorsichtig zu äußern, dann sollten Sie nachfragen, wie Sie verstanden wurden. Vergewissern Sie sich, ob Ihre Äußerung überhaupt als Kritik wahrgenommen wurde. In der Übung 4 (S. 143) ist beschrieben, wie Sie überprüfen können, was von Ihrer Aussage angekommen ist.

Es gibt auch ein Zuviel an Kritik. Manche Menschen kritisieren ausführlich, gerade weil sie an die Konsequenzen fehlerhafter Arbeit denken und sich Sorgen machen, es könne etwas schief gehen. Falls dies Ihr Stil ist, machen Sie sich vor einer kritischen Äußerung klar, was Sie erreichen wollen. Klar und unmissverständlich einen Verbesserungsbedarf anzusprechen, ist nützlich. Doch hören Sie auf zu kritisieren, sobald der andere verstanden hat, was Sie wollen.

Praxistipps

Kritik wertschätzend äußern

Wie für Feedbacks gilt hier entsprechend: Wenn Sie Kritik äußern, transportieren Sie nicht nur den Sachinhalt. Ihre Einstellung wird mitgehört. In einem Klima gegenseitiger Achtung und Wertschätzung wird Kritik leichter angenommen, weil dem Betreffenden klar ist, dass sie der Verbesserung des gemeinsamen Arbeitsergebnisses dient.

Das Ziel der Kritik nennen

Richtet sich Ihre Kritik an jemanden, der sich durch Verbesserungsvorschläge persönlich gekränkt fühlt, weisen Sie ausdrücklich auf das Ziel der Kritik hin: Es geht um Verbesserung! Und überlegen Sie, wann Sie zuletzt Ihre Grundeinstellung ausgedrückt haben. Ein Mitarbeiter, der sich grundsätzlich geschätzt weiß, ist Kritik gegenüber offener.

Konstruktive Kritik in fünf Schritten

Übung 37

🕐 **10 min**

Versetzen Sie sich in die Lage eines Mitarbeiters einer großen Firma. Sie erwarten Gäste zu einer Besprechung, die in 15 Minuten beginnt. Als Sie den Besprechungsraum betreten, sehen Sie, dass er nicht ordentlich vorbereitet ist.

Bitte formulieren Sie Ihre konstruktive Kritik an die zuständige Person indem Sie sich an den fünf im Folgenden formulierten Schritten orientieren.

1 **Schritt**: Überprüfen Sie für sich, ob das, was Sie kritisieren wollen, durch Ihr Verhalten mitbedingt ist.

2 **Schritt**: Beschreiben Sie den Sachverhalt möglichst bald und beziehen Sie Ihre Kritik auf ein beobachtetes Verhalten oder auf eine geforderte Leistung.

3 **Schritt**: Drücken Sie danach erst Ihre Erwartung oder Ihr Bedürfnis aus, ohne Vermutungen, Verallgemeinerungen oder Vorwürfe.

4 **Schritt**: Präzisieren Sie, welches Verhalten Sie erwarten, und sagen Sie ganz konkret, welche Standards oder Vereinbarungen Ihr Gegenüber nicht erfüllt hat.

5 **Schritt**: Besprechen Sie, wenn nötig, die Auswirkungen des kritisierten Verhaltens und erarbeiten Sie, möglichst gemeinsam, Lösungsmöglichkeiten.

Lösung

Bezogen auf das obige Beispiel könnten Sie Ihre Kritik in folgenden fünf Schritten formulieren:

1 **Selbstüberprüfung**

   Fragen Sie sich selbst, ob Sie klar und deutlich gesagt haben, dass Sie Besuch von außerhalb erwarten und dafür einen repräsentativen Besprechungsraum brauchen?

2 **Sachverhalt beschreiben gegenüber der zuständigen Person**

   „Eben war ich im Besprechungsraum 2 und habe gesehen, dass er noch nicht fertig hergerichtet ist."

3 **Erwartung klar ausdrücken**

   „Ich erwarte Gäste zur Sitzung um 14 Uhr und dieser Zustand entspricht nicht meinen Anforderungen."

4 **Präzisieren des erwünschten Verhaltens**

   „Bitte sorgen Sie dafür, dass der Tisch gereinigt und eingedeckt wird, kalte und warme Getränke für sechs Personen zur Verfügung stehen und ein Block Flipchart-Papier bereitliegt."

5 **Lösungsmöglichkeit für die Zukunft und Bitte um Alternativvorschlag**

   „Ich bitte Sie darum zukünftig, besonders wenn externe Gäste erwartet werden, dafür zu sorgen, dass der Raum eine Viertelstunde vor Beginn des Treffens fertig ist. Glauben Sie, dass das möglich ist, oder haben Sie einen anderen Vorschlag?"

Praxistipps

Kritik zeitlich begrenzen

Beschränken Sie die Dauer Ihrer Kritik auf maximal zwei Minuten, das fördert die Sachlichkeit. Hören Sie dann, was der andere zu sagen hat. Wenn Sie den Eindruck haben, mit zwei Minuten Zeit für die Kritik nicht auszukommen, sollten Sie sich klar machen,

- dass bezogen auf einen einzelnen Anlass zu viel Kritik mehr schadet als nutzt, auch weil Sie dann eher in Vorwürfe abgleiten könnten,

- dass es unfair und unwirksam ist, alle Verfehlungen der letzten Jahre anlässlich eines einzelnen Vorfalls auf den Tisch zu bringen,

- dass Sie möglicherweise so sehr mit eigenen Emotionen beschäftig sind, dass Sie diese erst einmal für sich oder mit wohlwollenden Dritten klären sollten,

- dass ein Grundsatzgespräch notwendig sein könnte; ein solches sollten Sie jedoch vorher ankündigen, sodass allen Beteiligten Vorbereitung möglich ist; sorgen Sie in diesem Fall für passende Rahmenbedingungen.

Selbstkritik qualifiziert Ihre Kritik

Kritik ist besonders dann wirkungsvoll, wenn sie von Menschen kommt, die zur Selbstkritik fähig sind. Wer bereit ist, das eigene Handeln überprüfen zu lassen, und wer am eigenen Verbesserungspotential arbeitet, kann mit personaler Autorität Kritik aussprechen.

Unangenehme Nachrichten mitteilen

Unveränderbare Entscheidungen übermitteln

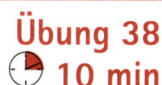

Übung 38
10 min

Wenn Sie disziplinarisch oder fachlich für Kollegen verantwortlich sind, werden Sie unvermeidlich mit Umständen konfrontiert, die es von Ihnen erfordern, schlechte Nachrichten zu überbringen oder Unangenehmes aussprechen zu müssen. Im Folgenden geht es um Situationen wie

- Kündigungen aussprechen,
- Anträge auf Urlaub, Fortbildung ablehnen,
- Wünsche nach Gehaltserhöhung oder anderem Aufgabenzuschnitt ablehnen,
- Änderungen bei Zuständigkeiten mitteilen,
- unbeliebte Aufgaben zuteilen,
- andere auf unangenehme Eigenschaften hinweisen.

Bitte versetzen Sie sich nun in folgende Situation: Sie haben vor wenigen Wochen eine neue Stelle angetreten. Aus der Zeitung erfahren Sie, dass Ihr Unternehmen zehn Prozent der Mitarbeiter entlassen wird. Da Sie noch in der Probezeit sind, wissen Sie, dass Sie dazugehören werden.

Bitte notieren Sie in Stichworten, wie Sie über diese Tatsache informiert werden wollten.

Lösung

Wenn es darum geht, Nachrichten zu unveränderbaren Tatsachen zu übermitteln, die für den Empfänger von negativer Bedeutung sind, sollten Sie auf die folgenden Punkte achten.

- **So bald wie möglich:** Überbringen Sie die schlechte Botschaft so bald irgend möglich. Aufschub macht es für Sie nicht besser, für den Empfänger aber entscheidend schlechter.

- **Persönlich überbringen:** Schlechte Botschaften per E-Mail oder Brief mitzuteilen wird als Respektlosigkeit übel genommen. Auch wenn die Tatsachen hart sind und Sie selbst mitentschieden haben, stehen Sie dazu – ohne Rechtfertigung, z. B.: „Ich weiß, dass Ihnen das nicht gefallen wird. Sie werden versetzt. Und ich habe diese Entscheidung mitgetragen."

- **Fakten klar benennen:** Benennen Sie die Fakten klar und vergewissern Sie sich, ob die Nachricht angekommen ist. Wenn sie sehr gravierende negative Auswirkungen für den Empfänger mit sich bringt, äußern Sie ruhig Ihre eigenen Gefühle – kurz und ehrlich.

- **Emotionen ertragen:** Sie können nicht vorhersehen, welche emotionale Reaktion die Nachricht auslösen wird, Unglauben, Verleugnen oder Wut, nur dass der Empfänger emotional reagieren wird, ist gewiss. Ihre Aufgabe ist es jetzt, Platz zu lassen für diese innere Bewegtheit. Schon die Anerkennung, dass es berechtigt ist, emotional auf schlimme oder ungünstige Bescheide zu reagieren, deeskaliert die aktuelle Situation.

Unangenehme Eigenheiten ansprechen

Übung 39
🕐 **5 min**

Zu viel Parfüm, zu viel Schweiß, zu viel Mundgeruch: Wenn Menschen, mit denen Sie zusammenarbeiten, unangenehm riechen, ist die Mitteilung dieses Umstands zwar nicht unbedingt von unmittelbarer, einschneidender Bedeutung für das Leben des Empfängers. Gleichwohl können solche Eigenheiten den Prozess und das Ergebnis der gemeinsamen Arbeit beeinträchtigen, etwa bei einem Bühnenensemble. Wenn Sie etwas, das Sie stört, zur Sprache bringen, tragen Sie aktiv dazu bei, den Umgang miteinander angenehmer zu gestalten. Als Führungskraft können Sie gebeten werden, ein solches Problem anzusprechen.

Stellen Sie sich auch hier die Frage: Wie ginge es mir in einem solchen Fall? Wie wollen Sie selbst informiert werden? Versetzen Sie sich in die Lage, dass Sie, ohne es zu wissen, an Mundgeruch litten. Wie wollten Sie darüber informiert werden?

Lösung

Gegebenenfalls könnte Ihnen wichtig sein,

- dass Sie überhaupt informiert werden,
- dass die Einstellung desjenigen, der Ihnen die Mitteilung macht, besagt: „Das kommt vor, ist nichts Dramatisches",
- dass Sie solch eine Mitteilung lieber von einer vertrauten Person hören.

Praxistipps

Womöglich empfinden Sie diese Themen als peinlich, weil menschliche Gerüche wie alle Ausscheidungen private Themen sind. Machen Sie sich jedoch klar, dass Ihre Mitteilung es dem Betroffenen ermöglicht, etwas zu ändern, was ihm unangenehm ist. Daher fällt es leichter, derartige Dinge anzusprechen, wenn man ein wenig miteinander vertraut ist. Finden Sie dabei unbedingt Ihre persönliche Formulierung. Die eigene Befangenheit überträgt sich weniger, wenn Sie sich vorab Ihre Einstellung klar machen: Es geht nicht um etwas Gravierendes, eher um einen – vielleicht sogar beiläufigen – Hinweis, für den der Adressat wahrscheinlich dankbar ist. Hier einige Anregungen:

- „Willst du ein Lakritz? Du riechst aus dem Mund."
- „Weiß du, dass du manchmal stark nach Schweiß riechst? Jetzt zum Beispiel."
- „Ihr Schweiß riecht sehr stark. Ich sage Ihnen das, damit Sie etwas dagegen tun können."

Wahrscheinlich wird die Antwort sein: „Danke, dass Sie mich informiert haben."

Falls Sie selbst befürchten, Ihre Mitmenschen durch Gerüche zu stören, gehen Sie offensiv vor: „Zurzeit besteht bei mir die Gefahr von Mundgeruch. Bitte, machen Sie mich darauf aufmerksam, falls Sie das einmal bemerken, ich werde dann ein Pfefferminzbonbon lutschen."

Was Sie bei Beschwerden tun und lassen sollten

Reklamationen begrüßen
Übung 40
 **15 min**

Beschwerden und Reklamationen sind Ihnen vielleicht unangenehm, doch bei keiner anderen Gelegenheit erhalten Sie wertvollere Informationen, die in jedem Unternehmen zur Kundenbindung und für Verbesserungen genutzt werden sollten.

Erinnern Sie sich an eine Reklamation, die Sie als Kunde ausgesprochen haben, und erarbeiten Sie ausgehend von Ihren eigenen Erfahrungen, welches Verhalten den reklamierenden Kunden und Ihrer Organisation nützt.

Teilen Sie dazu ein Din-A4-Blatt in zwei Spalten:

- Schreiben Sie in die linke Spalte, welches Verhalten nicht gut wirkt.
- Schreiben Sie in die rechte Spalte, welche Verhaltensweisen dazu beitragen, einen reklamierenden Kunden zufrieden zu stellen.

Lösung

Wenn eine Reklamation oder Beschwerde bei Ihnen ankommt, sollten Sie nicht automatisch zurückschrecken, sich reflexhaft rechtfertigen, an jemand anderen verweisen oder sagen, Sie seien nicht schuld oder nicht zuständig. Stattdessen nehmen Sie Reklamationen ernst, indem Sie die Kostbarkeit einer ungeschminkten Rückmeldung wertschätzen.

Was kompetent wirkt

- Aufmerksam zuhören und präzisierend nachfragen
- Wiederholen, was Sie verstanden haben
- Sagen, dass es Ihnen leid tut, dass der Kunde Unannehmlichkeiten hatte
- Dafür sorgen, dass der reklamierte Sachverhalt falls möglich sofort geändert wird
- Die Verantwortung übernehmen, dass eine Beschwerde, der nicht sofort entsprochen werden kann, an der richtigen Stelle landet und dort auch bearbeitet wird
- Sich dafür bedanken, dass der Kunde seine Unzufriedenheit ausgesprochen hat
- Den Kunden nach seinen Verbesserungsvorschlägen fragen

Was nicht gut wirkt

- Den Kunden unterbrechen, ihm ins Wort fallen
- Ärgerlich, ungehalten, wütend oder aggressiv werden

- Sagen, Sie seien nicht zuständig; abwimmeln oder sofort an jemand anderen verweisen

- Sagen, das könne doch gar nicht sein, abwiegeln oder bagatellisieren

- Sagen, der Kunde selbst sei schuld; sich rechtfertigen

- Schuld zuweisen: Kollegen, anderen Abteilungen, dem Computer oder voreilig die Schuld auf sich nehmen

- Mit Phrasen oder Besserwisserei reagieren

Praxistipps

Umgang mit Reklamationen üben

Überlegen Sie, welche Verhaltensweisen Sie schon umsetzen und welche Sie noch verbessern möchten.

- Schalten Sie um auf bewusstes Zuhören: Nehmen Sie die Beschwerde nicht persönlich, sondern als Ansporn herauszufinden, was der Kunde wirklich will.

- Würdigen Sie das Anliegen des Kunden ausdrücklich: Wenn Sie davon ausgehen, dass er gute Gründe hat und ihm dieses bestätigen, schaffen Sie die Basis, mit der Beschwerde konstruktiv umzugehen.

- Fragen Sie genau nach, um gemeinsam mit demjenigen, der sich beschwert, das Problem zu erkennen und die Lösungsmöglichkeiten zu eruieren.

Warum Reklamationen dem Unternehmen nützen

Beschwerden und Reklamationen sind ein hochpotentes Werkzeug, um Ihre Leistungen und die Ihrer Organisation kontinuierlich zu verbessern. Durch keine Kundenbefragung bekommen Sie solch genaue Auskünfte wie durch Kunden, die Ihnen aus aktuellem Anlass mitteilen, was schief gehen kann und was ihre Unzufriedenheit ausgelöst hat.

Reklamieren ist aufwendig – doch ein Kunde, der sich beschwert, nimmt diesen Aufwand auf sich. Daran sollten Sie denken, wenn Sie eine Beschwerde entgegennehmen.

Literatur

- Allhoff W.: Rhetorik und Kommunikation. Regensburg 15. Aufl. 2010

- Cohn, R.: Von der Psychoanalyse zur Themenzentrierten Interaktion. Stuttgart, 16. Aufl. 2009

- Geißner, H.: Sprecherziehung. Didaktik und Methodik der mündlichen Kommunikation. Frankfurt/M. 1993.

- Heilmann, Ch. M.: Körpersprache richtig verstehen und einsetzen, München 2011

- Maletzke, G.: Interkulturelle Kommunikation. Opladen 1996

- Pawlowski, K.: Konstruktiv Gespräche führen. Fähigkeiten aktivieren, Ziele verfolgen, Lösungen finden. Hamburg, 4. Auflage 2005

- Schulz von Thun, F.: Miteinander reden. Bd. 1 (2010), Bd. 2 (2010) Bd. 3 (2010), Reinbek

- von Kanitz, A.: Emotionale Intelligenz. Freiburg 2012.

- Watzlawick, P. u. a.: Menschliche Kommunikation. Bern, 12. Auflage, Stuttgart 2011

- Website der Deutschen Gesellschaft für Sprechwissenschaft und Sprecherziehung www.dgss.de

Stichwortverzeichnis

Bibliografische Information der Deutschen Nationalbibliothek

Die Deutsche Nationalbibliothek verzeichnet diese Publikation in der Deutschen National-
bibliografie; detaillierte bibliografische Daten sind im Internet über http://www.dnb.de
abrufbar.

Print: ISBN 978-3-648-02672-4   Bestell-Nr. 00359-0002
ePDF: ISBN 978-3-648-02673-1   Bestell-Nr. 00359-0150

2., aktualisierte Auflage 2012

© 2012, Haufe-Lexware GmbH & Co. KG, Munzinger Straße 9, 79111 Freiburg
Redaktionsanschrift: Fraunhoferstraße 5, 82152 Planegg/München
Telefon: (089) 895 17-0,
Telefax: (089) 895 17-290
www.haufe.de
online@haufe.de
Lektorat: Sylvia Rein, Kathrin Buck
Redaktion: Jürgen Fischer
Redaktionsassistenz: Christine Rüber

Umschlaggestaltung: Kienle gestaltet, Stuttgart
Umschlagentwurf: Agentur Buttgereit & Heidenreich, 45721 Haltern am See
DTP: Agentur: Satz & Zeichen, Karin Lochmann, 83071 Stephanskirchen
Druck: freiburger graphische betriebe, 79108 Freiburg

Die Autorinnen

Anja von Kanitz,

ist selbstständige Trainerin, Beraterin und Coach mit den Schwerpunkten Rhetorik, Kommunikation und Moderation, u.a. für die Haufe Akademie. Sie ist Lehrbeauftragte an der Universität Marburg und verfügt über langjährige Praxis in der Personalentwicklung von Unternehmen, Institutionen und Verwaltungen.

Haufe Akademie, Anja von Kanitz,
Lörracher Str. 9, 79115 Freiburg, Tel. 0761 898-4422,
Fax 0761 898-4423, service@haufe-akademie.de.

Von Anja von Kanitz stammt der erste Teil dieses Buches (S. 7 bis 125).

Christine Scharlau

ist Diplom-Soziologin, arbeitet als Organisationsberaterin, Coach und Supervisorin. Sie berät Firmen im Bereich Team- und Qualitätsentwicklung, Einzelpersonen in Karriere- und Lebensfragen. Sie bietet Seminare u. a. zu Kommunikation und sozialer Kompetenz sowie Coachingseminare zur beruflichen Entwicklung an.

Internet: www.christinescharlau.de

Von Christine Scharlau stammt der zweite Teil dieses Buches (S. 127 bis 248).

Weitere Literatur

„Gesprächstechniken für Führungskräfte. Methoden und Übungen zur erfolgreichen Kommunikation", von Anke von der Heyde und Boris von der Linde, 222 Seiten, € 24,95. ISBN 978-3-448-09518-0, Bestell-Nr. 00742

„Machtspiele. Die Kunst, sich durchzusetzen", von Matthias Nöllke, 230 Seiten, € 19,80. ISBN 978-3-448-08053-7, Bestell-Nr. 00088

„Manipulationstechniken. So wehren Sie sich", von Andreas Edmüller und Thomas Wilhelm, 352 Seiten, € 14,95. ISBN 978-3-648-02637-3, Bestell-Nr. 00261

„Schlagfertigkeit", von Matthias Nöllke, 232 Seiten, € 19,80. ISBN 978-3-448-09589-0, Bestell-Nr. 00797

„Small Talk. Das Trainingsbuch", von Stephan Lermer, 232 Seiten, € 19.80. ISBN 978-3-648-02344-0, Bestell-Nr. 00803

Die Welt der TaschenGuides auf einer App!

→ Der direkte Weg zur kostenlosen App über Ihr iPhone

In der TaschenGuide-App finden Sie eine Übersicht über alle TaschenGuides. Kostenlos im App Store.

Haufe TaschenGuides

Kompakte Informationen zum kleinen Preis